"十四五"职业教育国家规划教材

国家林业和草原局职业教育"十三五"规划教材

园林工程监理

（第3版）

余 俊 主编

中国林業出版社

内容简介

本教材紧紧围绕高职的培养目标，依据园林工程监理的实施程序，从园林工程建设监理方的角度出发，有针对性地阐述了园林工程建设各阶段实行工程监理的理论、方法和实例。本书共分9个单元，包括园林工程建设监理概述、园林工程监理组织与管理、园林工程建设监理工作文件、园林工程施工监理、园林工程建设实施准备阶段监理、园林工程建设施工阶段监理、园林工程项目竣工验收与保修期监理、园林工程建设监理信息管理、园林工程建设监理表式使用流程案例分析，并配套微课等数字资源。

本教材可用作职业教育、园林技术、园林工程技术、风景园林设计等专业的教材，也可供相关专业技术人员和管理人员参考。

图书在版编目(CIP)数据

园林工程监理／余俊主编. —3版. —北京：中国林业出版社，2019.10(2024.1重印)
“十四五”职业教育国家规划教材　国家林业和草原局职业教育“十三五”规划教材

ISBN 978-7-5219-0364-5

Ⅰ.①园…　Ⅱ.①余…　Ⅲ.①园林-工程施工-施工监理-高等职业教育-教材　Ⅳ.①TU986.3

中国版本图书馆CIP数据核字(2019)第274638号

中国林业出版社·教育分社

策划编辑：田　苗　康红梅　　**责任编辑**：田　苗　曹潆文

电　　话：(010)83143557　　**传　　真**：(010)83143516

出版发行　中国林业出版社(100009　北京市西城区德内大街刘海胡同7号)
E-mail：jiaocaipublic@163.com
http：//www.forestry.gov.cn/lycb.html

数字资源二维码

印　　刷　北京中科印刷有限公司
版　　次　2007年9月第1版(共印刷7次)
2015年6月第2版(共印刷6次)
2019年10月第3版
印　　次　2024年1月第3次印刷
开　　本　787mm×1092mm　1/16
印　　张　14.75
字　　数　340千字　**数字资源**　65千字
定　　价　48.00元

未经许可，不得以任何方式复制或抄袭本书之部分或全部内容。

版权所有　侵权必究

《园林工程监理》(第3版)
编写人员

主　　编

余　俊

副 主 编

孙清林　丁　峰

编写人员　(按姓氏拼音排序)

陈英华(苏州市风景园林学会)

丁　峰[众鑫工程管理(苏州)有限公司]

费正山(江苏园景工程设计咨询有限公司)

黄　顺(苏州农业职业技术学院)

林上海(广西生态工程职业技术学院)

孟昭武(辽宁林业职业技术学院)

孙清林(江苏园景工程设计咨询有限公司)

徐　峥(苏州农业职业技术学院)

于　飞[众鑫工程管理(苏州)有限公司]

余　俊(苏州农业职业技术学院)

朱英斌(江苏园景工程设计咨询有限公司)

《园林工程监理》(第2版)
编写人员

主　　编

余　俊

编写人员　(按姓氏拼音排序)

陈英华(苏州市风景园林学会)

黄　顺(苏州农业职业技术学院)

黄钟玉(苏州市林业站)

刘　军(河南林业职业学院)

孟召武(辽宁林业职业技术学院)

徐　峥(苏州农业职业技术学院)

余　俊(苏州农业职业技术学院)

主　　审

钱云淦(苏州市园林和绿化管理局)

成海钟(苏州农业职业技术学院)

《园林工程监理》(第1版)
编写人员

主　　编

钱云淦

副 主 编

余　俊

编写人员　(按姓氏笔画排序)

刘　军(河南科技大学林业职业学院)
余　俊(苏州农业职业技术学院)
陈英华(苏州市园林和绿化管理局)
孟召武(辽宁林业职业技术学院)
钱云淦(苏州市园林和绿化管理局)
徐　峥(苏州农业职业技术学院)
黄钟玉(苏州市林业站)
黄　顺(苏州农业职业技术学院)

主　　审

成海钟(苏州农业职业技术学院)

第 3 版前言

本教材是在《园林工程监理》(第 2 版) 的基础上进行修订的。第 2 版自 2015 年出版以来，共印刷 4 次，在全国范围内广泛使用。本次修订对部分内容进行了更新，引入了园林监理工作新表式和国家新标准、新规范，增加了园林工程监理专业术语，优化了企业监理案例，并补充了微课等数字资源。

本教材由苏州农业职业技术学院余俊担任主编。编写分工如下：余俊制定教材大纲并编写单元 4~6；林上海编写单元 1 和单元 7、单元 8；孟昭武编写单元 2；黄顺编写单元 3；徐峥编写单元 9；费正山编写单元 1、单元 2 案例；朱英斌编写单元 3 案例；丁峰编写了单元 4~6 案例；于飞编写单元 7、单元 8 案例；孙清林编写单元 9 案例；陈英华参与全书案例的编写。全书由余俊统稿。

本教材可用作职业教育园林技术专业、园林工程技术专业、风景园林设计等专业学生学习用书，也可供园林相关专业工程技术人员和管理人员参考使用。

本教材参考了有关业界同仁的著作和资料，在此一并表示谢意。

虽经多次修订，但由于编者学识有限，书中尚存疏漏和谬误之处，恳请读者批评指正。

余　俊

2019 年 8 月

第 2 版前言

《园林工程监理》(第 1 版)是由教育部高职高专教育林业类专业教学指导委员会牵头组织的《高职高专教育林业类专业教学内容与实践教学体系研究》项目的重要成果，反映了当时我国高等职业教育有关院校的实际情况和本课程教学大纲的要求。教材出版至今已逾 5 年，经 5 次重印，累计发行 20 000 余册，得到了业内好评。但随着时间的推移，其中的一些问题逐渐显现，需要重新进行修订。本次修订重点为以下 3 个方面：

(1)园林工程监理行业近年来发展迅速，一些行业标准和规范已修订和更新。教材内容不能适应行业的快速发展，需要对教材内容进行更新。

(2)传统的以学科体系为主的编写模式明显不适应现代高职教育“工学结合”的要求。本次修订进一步深入调研实际岗位的典型工作任务，以实际生产单位项目为载体，按照企业实际工作过程组织教材的内容，融合职业资格标准中要求的知识、技能与能力。借以增强学生的学习兴趣，培养学生的学习能力，提升学生的综合素质。

(3)增加“学习目标”“巩固练习”等内容，使学生对学习目标与具体工作任务更加明确，也为今后理论、实践能力的进一步提高奠定基础，使其更具实用性。

本教材可作为高职高专园林技术、园林工程技术等专业的教材，也可作为园林类相关专业技术人员的参考书。

由于编者水平有限，书中难免有疏漏和错误，恳请读者批评指正。

编　者

2015 年 1 月

第 1 版前言

随着我国综合国力与人民生活水平的不断提高，城市园林工程建设事业得到了空前的发展，对于园林工程建设管理的要求也更加严格。我国工程建设管理从 1988 年引进了西方发达国家的监理制度，目前已经在全国各项园林工程中得到全面推行。同时园林工程建设监理体系也亟待完善，更加需要高素质的园林工程建设监理人员。为了满足园林工程建设监理人才培养的需求，在教育部林业职业教育教学指导委员会和中国林业出版社的组织下，根据全国高职高专类教育园林技术专业人才培养方案，编写了《园林工程监理》教材。本教材是根据园林工程监理课程教学大纲，按照教育部对现行高职教材编写的规定编写完成的。

本教材从园林工程建设监理的角度出发，阐述了包括园林工程建设监理概述、园林工程建设监理组织与管理、园林工程建设监理文件、园林工程施工监理工作流程、园林工程建设实施准备阶段的监理、园林工程建设施工阶段的监理、园林工程建设的竣工验收与保修期监理、园林工程建设监理的信息管理、园林工程建设监理表式使用流程案例分析，共 9 章内容。

本教材紧紧围绕高职的培养目标，重视职业能力的培养，以胜任职业岗位群需要为出发点，调整教材内容，把监理职业资格标准中要求的知识、技能与能力融入进来，加大教材的案例化程度，每章后附带案例，便于学生加深理解，学以致用。教材在每章前均列出“知识目标”和“能力目标”，使学生有明确的学习目的，每章后还有小结和思考题，区分知识点和技能点，结合单元实训，有利于学生复习思考，兼顾了知识传授、技能训练和能力培养。

本书可用作高职高专院校、本科院校高职学院、成人教育、五年制高职园林技术专业、园林工程技术专业等教材，也可供相关专业工程技术人员和管理人员参考。

本教材由钱云淦高级工程师担任主编，苏州农业职业技术学院余俊任副主编。其中钱云淦制定编写大纲，钱云淦、黄钟玉编写第 1 章，钱云淦、陈英华编写第 8 章，余俊编写第 4~6 章和附录部分，辽宁林业职业技术学院孟召武编写第 2 章，苏州农业职业技术学院黄顺编写第 3 章，河南科技大学林业职业学院刘军编写第 7 章，苏州农业职业技术学院徐峥编写第 9 章。全书由余俊同志统稿，钱云淦高级工程师在全书统稿中做了细致的指导。

苏州农业职业技术学院成海钟教授在百忙中审阅了全稿，并提出了许多宝贵的意见和建议，在此表示衷心的感谢。

全书的编写过程得到了林业职业教育教学指导委员会和中国林业出版社的关心和指

导，同时也得到了各编写人员所在单位领导和老师的大力支持和帮助，同时我们也参考了有关业界同仁的著作和资料，在此一并表示谢意。

由于时间仓促和编者水平有限，书中难免有疏漏和谬误之处，恳请读者批评指正。

编　者

2006 年 12 月

目 录

模块 1

园林工程监理基本知识

单元 1　园林工程建设监理概述

◇学习目标

【知识目标】

(1) 掌握园林工程建设监理的概念与特点。

(2) 了解园林工程建设监理的内容。

(3) 了解我国工程建设监理制度的产生与发展过程。

(4) 理解我国政府建设监理与监理单位监理的区别。

(5) 掌握现阶段我国工程建设行业施行的管理制度。

【技能目标】

(1) 能够用园林工程监理的观点分析、处理工程实践中出现的问题。

(2) 能够分析现阶段园林工程建设监理的内容。

1.1　园林工程建设监理概念、特点、性质和内容

1.1.1　园林工程建设监理概念

监理是指有关执行者根据一定的行为准则，对某些行为进行监督管理，使这些行为符合准则要求，并协助行为主体实现其行为目的。

园林工程建设监理是指针对园林工程项目建设，社会化、专业化的建设工程监理单位接受业主的委托和授权，根据国家批准的工程项目建设文件、有关工程建设的法律、法规和建设工程监理合同，以及其他工程建设合同所进行的旨在实现项目投资目的的微观监督管理活动。图 1-1 表示了建设单位、承建单位、监理单位的关系。

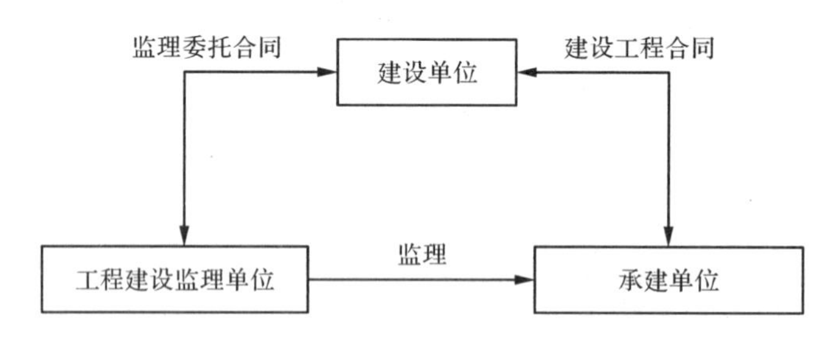

图 1-1　建设工程监理关系示意图

1.1.2　园林工程建设监理基本特点

(1) 园林工程建设监理是针对园林工程项目建设所实施的监督管理活动

园林工程建设监理活动是围绕工程项目来进行的，其对象为新建、改建和扩建的各种园林工程建设项目。园林工程建设监理是直接为建设项目提供管理服务的行业。

(2) 园林工程建设监理的行为主体是具有园林工程监理资质的监理单位

园林工程建设监理的行为主体是明确的，即园林工程监理单位，以及具有园林工程监理工程师资质的监理人员。只有监理单位才能按照独立、自主的原则，以“公正的第三方”的身份开展园林工程建设监理活动。非监理单位所进行的监督管理活动一律不能称为园林工程建设监理，只有监理工程师才具有进行直接监理的权利。

(3) 园林工程建设监理的实施需要业主的委托授权

在实施园林工程建设监理的项目中，业主与监理单位的关系是委托与被委托的关系；这也决定了他们之间是合同关系，是一种委托与服务的关系。

(4) 园林工程建设监理是有明确依据的园林工程建设行为

园林工程建设监理是严格按照有关法律、法规和其他有关准则实施的。园林工程建设监理的依据是国家批准的工程项目建设文件、有关园林工程建设的法律、法规、园林工程建设监理合同和其他园林工程建设合同。

(5) 现阶段园林工程建设监理主要发生在项目建设的实施阶段

园林工程建设监理这种监督管理服务活动，贯穿于建设项目建设的全过程中，主要出现在园林工程项目建设的设计阶段(含设计准备)、招标阶段、施工阶段以及竣工等，这些都是工程建设项目的实施阶段。

(6) 园林工程建设监理是微观性质的监督管理活动

园林工程建设监理活动是针对一个具体的工程项目展开的。项目业主委托监理的目的就是期望监理单位，能够协助其实现项目投资目的。它是紧紧围绕着工程项目建设的各项投资活动和生产活动所进行的监督管理。对于园林工程建设监理，它的各项投资活动与生产活动，不仅包括园林工程建设内容，同时还包含了植物栽种、造景艺术及栽培养护、管理等内容，因此形成了独特的微观监理管理活动。

1.1.3 园林工程建设监理内容

表1-1中简要列出了现阶段园林工程建设监理的内容。

表1-1 园林工程建设监理的内容

建设监理阶段	监理工作内容
1. 建设项目准备阶段	(1)投资决策咨询； (2)进行建设项目的可行性研究和编制项目建议书； (3)项目评估
2. 建设项目实施准备阶段	(1)组织审查或评选设计方案； (2)协助建设单位选择勘察、设计单位，签订勘察、设计合同并监督合同的实施； (3)审查设计概(预)算； (4)在施工准备阶段，协助建设单位编制招标文件，评审投标书，提出定标意见，并协助建设单位与中标单位签承包合同，核查施工设计图

(续)

建设监理阶段	监理工作内容
3. 建设项目施工阶段	(1)协助建设单位与承建单位编写开工报告; (2)确认承建单位选择分包单位; (3)审查承建单位提出的施工组织设计、施工方案; (4)审查承建单位提出的材料、设备清单及所列的规格与质量; (5)督促、检查承建单位严格执行工程承包合同和工程技术标准、规范; (6)调节建设单位与承建单位间的争议; (7)检查已确定的施工技术措施和安全防护措施是否实施; (8)主持协商工程设计的变更(超过合同委托权限的变更需报建设单位决定); (9)检查工程进度和施工质量、验收分项、分部工程,签署工程付款凭证
4. 建设项目竣工验收阶段	(1)督促整理合同文件和技术档案资料; (2)组织工程竣工预验收,提出竣工验收报告; (3)核查工程决算
5. 建设项目保修维护阶段	负责检查工程质量状况,鉴定质量责任,督促和监督保修工作

1.1.4 园林工程监理工作程序

园林工程监理工作程序如图1-2所示。

1.1.5 园林工程监理术语

①项目监理机构　监理单位派驻工程项目负责履行委托监理合同的组织机构。

②监理工程师　取得国家监理工程师执业资格证书并经注册的监理人员。

③总监理工程师　由监理单位法定代表人书面授权,全面负责委托监理合同的履行,主持项目监理机构工作的监理工程师。

④总监理工程师代表　经监理单位法定代表人同意,由总监理工程师书面授权,代表总监理工程师行使其部分职责和权力的项目监理机构中的监理工程师。

⑤专业监理工程师　根据项目监理岗位职责分工和总监理工程师的指令,负责实施某一专业或某一方面的监理工作,具有相应监理文件签发权的监理工程师。

⑥监理员　经过监理业务培训,具有同类工程相关专业知识,从事具体监理工作的监理人员。

⑦监理规划　在总监理工程师的主持下编制、经监理单位技术负责人批准,用来指导项目监理机构全面开展监理工作的指导性文件。

⑧监理实施细则　根据监理规划,由专业监理工程师编写,并经总监理工程师批准,针对工程项目中某一专业或某一方面监理工作的操作性文件。

⑨工地例会　由项目监理机构主持的,在工程实施过程中针对工程质量、造价、进度、合同管理等事宜定期召开的、由有关单位参加的会议。

⑩工程变更　在工程项目实施过程中,按照合同约定的程序对部分或全部工程在材料、工艺、功能、构造、尺寸、技术指标、工程数量及施工方法等方面作出的改变。

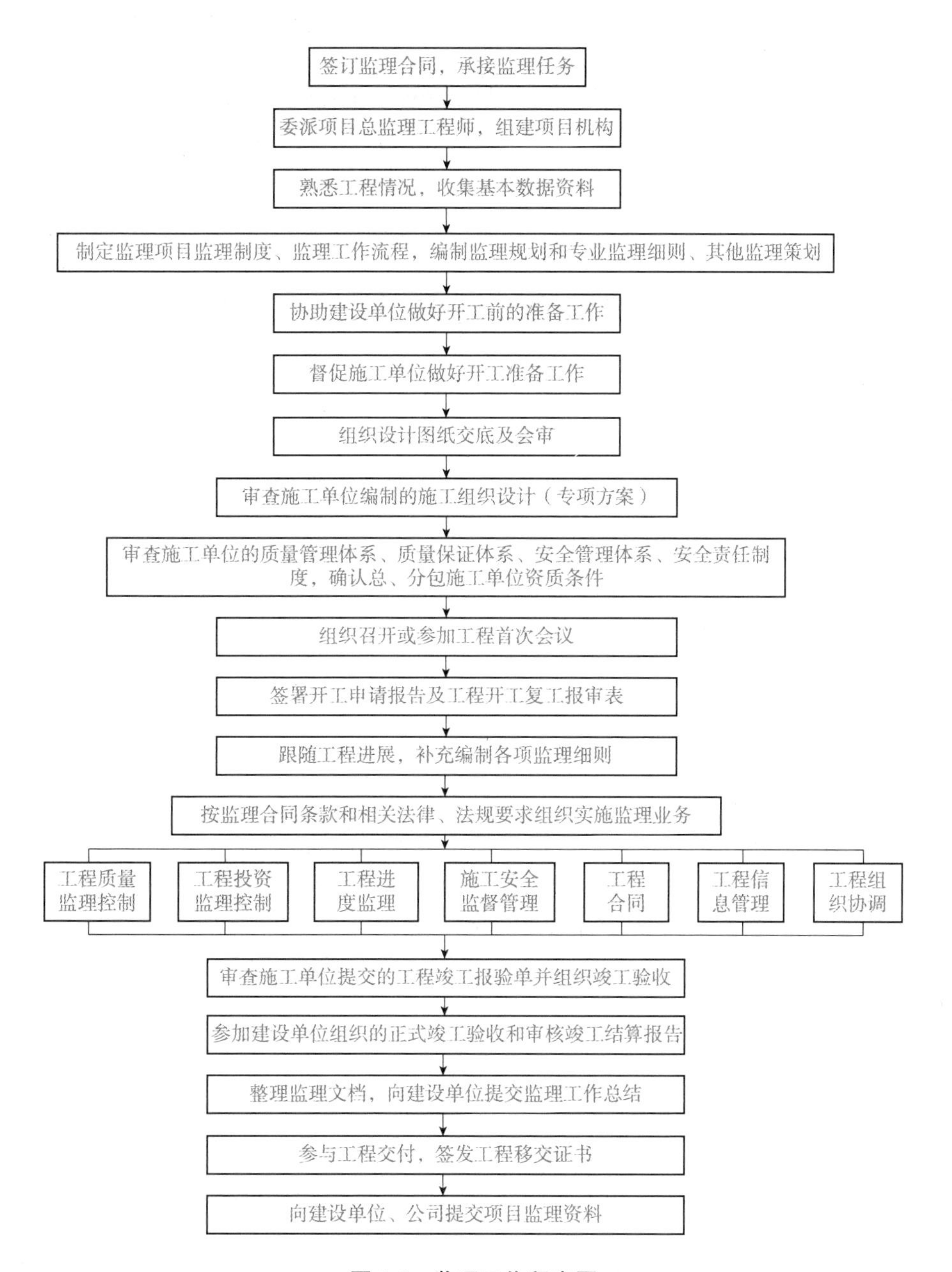

图 1-2　监理工作程序图

⑪工程计量　根据设计文件及承包合同中关于工程量计算的规定，项目监理机构对承包单位申报的已完成工程的工程量进行的核验。

⑫见证　由监理人员现场监督某工序全过程完成情况的活动。

⑬旁站　在关键部位或关键工序施工过程中，由监理人员在现场进行的监督活动。

⑭巡视　监理人员对正在施工的部位或工序在现场进行的定期或不定期的监督活动。

⑮平行检验　项目监理机构利用一定的检查或检测手段，在承包单位自检的基础上，按照一定的比例独立进行检查或检测的活动。

⑯费用索赔　根据承包合同的约定，合同一方因另一方原因造成本方经济损失，通过

监理工程师向对方索取费用的活动。

⑰临时延期批准　当发生非承包单位原因造成的持续性影响工期的事件，总监理工程师所作出暂时延长合同工期的批准。

⑱延期批准　当发生非承包单位原因造成的持续性影响工期事件，总监理工程师所作出的最终延长合同工期的批准。

1.2　我国工程建设监理制度产生与发展

1.2.1　我国工程建设监理制度产生

实行建设监理制是我国工程建设管理体制的一次重大改革。与发达国家不同，我国的建设监理制度是在改革开放的过程中从西方借鉴、引入的。

20世纪50年代以来，我国长期实行的是计划经济体制，企业的所有权和经营权不分，投资和工程项目均属国家，也没有业主和监理单位，设计、施工单位也不是独立的生产经营者，工程产品不是商品，有关方面也不存在买卖关系，政府直接支配建设投资和进行建设管理，设计、施工单位在计划指令下开展工程建设活动。在工程建设管理上，则一直沿用着建设单位自筹自管自建方式。建设单位不仅负责组织设计、施工、申请材料设备，还直接承担了工程建设的监督和管理职能。这种由建设单位自行管理项目的方式，使得一批批的筹建人员刚刚熟悉项目管理业务，就随着工程竣工而转入生产或使用单位，而另一批工程的筹建人员，又要从头学起。如此周而复始地在低水平上重复，严重阻碍了我国建设水平的提高。这种以国家为投资主体采用行政手段分配建设任务的状况，暴露出许多缺陷，投资规模难以控制，工期、质量难以保证，浪费严重。在投资主体多元化并全面开放建设市场的形势下，这种模式就不适应了。

改革开放推动了建设监理制度的出台。引进外资的过程中，世界银行等国际金融组织把按照国际惯例进行项目管理作为贷款的必要条件。最早实行这一制度的是1982年招标、1984年开工的云南鲁布革水电站引水隧道工程，1986年开工的西安至三原高速公路工程也实行了监理制。监理制度在这些工程的实践中获得了极大的成功，鲁布革水电站引水隧道工程，创造了工期、劳动生产率和工程质量的3项全国记录，在全国引起了很大震动；西安至三原高速公路工程，不仅质量全部合格甚至达到优良，保证了工期，还节约投资逾200万元，受到广泛好评。

1984年我国开始推行招标承包制和开放建设市场，建筑领域的活力大大增强。1988年组建建设部*时，设置了“建设监理司”具体实施一项重大改革，即实行建设监理制度。1988年7月25日，建设部向全国建设系统印发了第一个建设监理文件《关于开展建设监理工作的通知》，阐述了我国建立建设监理制的必要性，明确了监理的范围和对象，政府的管理机构与职能，社会监理单位以及监理的内容，对于监理立法和监理组织提出了具体要求，正式开

---

* 现住房和城乡建设部。

始了我国工程建设领域的重大改革——推行建设监理制。时至今日，我国建成了世界最大的高速铁路网、高速公路网，机场港口、水利、能源、信息等基础设施建设取得重大成就。

1.2.2 我国工程建设监理制度的发展

我国建设监理的实施就其发展过程，分为3个阶段；1988—1993年为试点阶段，1993—1995年为稳步推进阶段，1996年以后为全面推行阶段。1988年8月和10月，建设部分别在北京和上海召开第一、二次建设监理工作会议，确定对北京、上海、天津、南京、宁波、沈阳、哈尔滨、深圳8个城市和交通、能源两部的公路和水电系统进行监理试点。同年11月12日，研究制定了《关于开展建设监理试点工作的若干意见》，为试点工作的开展提供了依据；1989年下半年建设部发布《建设监理试行规定》，这是建设有中国特色的建设监理制度的第一个法规性文件；1992年监理试点工作迅速发展，《建设工程监理单位资质管理试行办法》《监理工程师资格考试和注册试行方法》先后出台，监理取费办法也制定颁发；1993年3月18日，中国建设监理协会成立，标志着我国建设监理行业的初步形成。

1993年5月，建设部在天津召开了第五次全国建设监理工作会议。会议听取了全国建设监理工作的形势，总结了试点工作的经验，对各地区、各部门建设监理工作给予了充分肯定。建设部决定在全国结束建设监理试点，并从当年转入稳步推进阶段。截至1995年年底，全国29个省、自治区、直辖市和国务院39个部门推行了建设监理制度。

1995年12月，建设部在北京召开了第六次全国建设监理工作会议。会议总结了7年来建设监理工作的成绩和经验，对下一步的监理工作进行了全面部署，还出台了《建设工程监理规定》和《建设工程监理合同示范文本》，进一步完善了我国的建设监理制。这次会议的召开，标志着建设监理工作已进入全面推行的新阶段。

园林工程的监理是在1996年进入全面推行阶段，还存在一些问题：①有关的法律、法规不齐全，如园林工程标准现在主要依据的是1999年建设部发布的《城市绿化工程施工及验收标准》，其内容除绿化工程施工外，有少量绿化工程附属设施的内容，其他的园林工程如土方工程、给排水工程、水景工程、园路和广场工程、假山工程等涉及较少。目前运作中，只能参考其他相关建设工程(如建筑、公路、给排水等)或行业标准。②对园林工程监理的重要性及各种法律、法规、制度宣传力度不够。③个别业主对监理单位的监理职责理解不够。④监理人员素质较低，履行职责不到位等，需要及时解决存在的问题，以促使园林监理工作顺利开展。

1.3 政府建设监理与监理单位监理

1.3.1 政府建设监理

1.3.1.1 政府建设监理的概念

政府建设监理是指建设主管部门对建设单位的建设行为实施的强制性管理和对社会监

理单位实行的监督管理。我国每一级政府都设有多个政府部门，如计划部门、建设管理部门、专门产业管理部门等。我们习惯上把各级政府建设管理部门称为“政府建设主管部门”，把各级和各个专门产业管理部门中的建设管理机构称为“政府专业建设管理部门”。属于国家级政府建设主管部门的为住房和城乡建设部(以下简称住建部)，省、自治区、直辖市一级政府的为建设委员会或建设厅，县级政府的为建设委员会或建设局。

政府对社会建设监理单位的管理主要是对社会监理单位的资质管理，并为工商行政管理机关确认营业资格和颁发营业执照提供依据。内容包括：审查建设监理单位成立时是否符合成立的资质标准考核与认证其监理工程师的资格、审定其资质等级和划定其监理业务范围等。此外还要对其监理业务活动进行监督，包括监督其活动是否合法，调解其与业主之间的争议等。对监理单位的正当权益和活动要进行保护，确有困难时要帮助其克服，并为其创造良好的业务活动环境，特别是在建设监理单位的新创阶段更应如此。

1.3.1.2 政府建设监理的业务内容

(1)制定建设监理法规

建设监理法规是由政府建设主管机关编制，经法规管理部门审定，由部门或政府最高领导人批准后颁布，作为建设监理机构组织和开展建设监理工作的依据。它包括：建设市场法规、工程建设法规、工程监理法规、工程建设规范和工程建设定额。

①建设市场法规 包括建设市场监督机构组织与管理法规、建设市场管理法规、工程设计招投标法规、工程施工招投标法规和工程合同管理法规等项。

②工程建设法规 包括工程质量监督机构组织与管理法规、工程质量检验与评定法规、施工安全监督机构组织与管理法规和工程事故调查处理法规等项。

③工程监理法规 包括建设监理规定、社会建设监理单位资质管理法规、监理工程师考试与注册法规、建设监理费用标准规定和建设监理委托合同条件等项。

④工程建设规范 包括建筑设计规范、公园设计规范等各类工程设计规范、各类工程施工技术规范、工程施工安全技术规范等项。

⑤工程建设定额 包括工程建设工期定额、工程概预算定额、工程取费标准和工程概预算编制程序等项。

(2)依法实施建设监理

①根据建设市场法规，审查建设单位招标和发包工程资质，审查设计单位、承建单位投标和承包工程资质；依据工程招标投标法规，监督建设单位、设计单位和承建单位的招投标行为合法性，以及他们履行工程合同行为合法性。

②根据工程建设法规，监督承建单位项目质量管理、安全管理和工程事故处理行为合法性。

③根据工程监理法规，监督社会建设监理单位和监理工程师资质，监督建设单位和社会建设监理单位行为合法性，以及他们履行建设监理委托合同行为合法性。

④根据工程建设规范，监督设计单位和承建单位执行规范行为合法性。

⑤根据工程建设定额，监督设计单位、建设单位和承建单位执行定额行为合法性。

1.3.1.3 政府建设监理的性质

(1) 强制性

这是由于政府管理行为象征国家机器运转这一特征所决定的，代表国家和维护国家利益的管理机构实施的管理行为。因此对于被管理者来说是强制性的，是必须接受的。

(2) 执法性

政府建设监理区别于通常的行政领导和行政指挥等一般性的行政管理行为，而主要是依据国家政策、法律、方针政策以及国家颁布的技术标准、规范进行监理，并严格遵照规定的监理程序行使监督、检查、许可、纠正、强制执行等权力。政府监理人员每一具体监理行为都必须有充分的法律依据。

(3) 全面性

政府建设监理是针对整个建设活动的，它覆盖全社会，因此所有建设工程都必须接受政府的监理。就一个园林建设工程项目的建设过程而言，从该项目的立项、设计、施工直到竣工验收投入使用都必须接受政府的监理。

(4) 宏观性

政府建设监理侧重于宏观的社会效益，其着眼点是保证建设行为的规范化，维护公共利益和参与工程建设各方的合法利益，就一个项目来说，政府监理与监理单位监理是不同的，后者的监理在建设的全过程中是直接的、不间断的监理。

1.3.2 监理单位监理

监理单位监理是指由独立的、专业的社会监理单位，受建设单位(业主或投资者)的委托，对工程建设项目全过程或部分阶段实施一种专业化管理。

监理单位不是政府的建设监理机构或附属机构，不行使政府建设管理的职能，也不代表政府。它是企业事业单位，只接受业主的委托和授权，行使业主管理建设工程的部分职能。

政府建设监理与监理单位监理相辅相成，共同构成我国监理制度的完整系统。我国当前项目的决策阶段与实施阶段分别由不同的政府部门实施政府管理。决策阶段由计划、规划、国土管理、环保、公安等部门实施，实施阶段由政府建设主管部门实施。

在监理活动中各种机构的关系是不一样的。业主与设计单位、施工安装单位、材料设备供应单位是合同关系；监理单位与设计单位、施工安装单位、材料设备供应单位之间是监理与被监理关系；监理单位与被监理单位间的关系是由业主与设计单位、施工单位、材料设备供应单位间的合同所确定的。

1.3.3 政府建设监理与监理单位监理的区别

(1) 性质的区别

建设工程监理是一种社会的、民间的行为，是发生在建设工程项目组织系统范围内的平等经济主体之间的横向监督管理，是一种微观性质的、委托性的服务活动，是建设工程监理单位接受业主的委托和授权之后，为项目业主提供的一种高智力工程技术服务工作。而政府管理属行政行为，是建设工程项目组织系统外的监督管理主体对项目系统内的建设行为主体进行的一种纵向监督管理行为，是一种宏观性、强制性的政府监督行为。

(2) 执行者的区别

建设工程监理的实施者是社会化、专业化的建设工程监理单位及其监理工程师，而政府管理的执行者依据项目决策阶段与实施阶段不同而由不同的部门实施。决策阶段由计划、规划、国土、环保、公安等部门实施，实施阶段由政府建设主管部门实施。

(3) 工作范围的区别

建设工程监理的工作范围伸缩性较大，它因业主委托范围大小而变化。工作范围可以是全过程、全方位的监理，内容包括整个建设项目的目标规划、动态控制、组织协调、合同管理、信息管理等一系列活动。而政府管理工作范围变化较小，相对稳定，如质量监督则只限于施工阶段的工程质量监督。

(4) 工作依据的区别

政府管理以国家、地方颁发的有关法律、法规为基本依据，维护法规的严肃性。而建设工程监理则不仅以法律、法规为依据，还以建设工程合同为依据，不仅维护法律、法规的严肃性，还要维护合同的严肃性。

◇案例

案例1-1　园林工程合同管理

某高尔夫公司与某市政公司签订地下大排水工程总承包合同，总长8000 m，市政公司将任务下达给该公司第一施工队，第一施工队又与某乡镇建设工程队签订分包合同，将其中的5000 m分包给乡镇工程队。在其后的施工中，市建设主管部门在检查中发现该乡镇工程队承包手续不符合有关规定，责令停工，乡镇工程队以有营业执照、合同自愿签订为由不予理睬，在市政公司通知其停工后，又诉至法院，要求第一施工队继续履约或承担违约责任并赔偿经济损失。

【问题】

1. 总包合同和分包合同属于有效合同吗?

2. 该合同中各方应该承担什么责任?

【分析】

1. 总包合同有效，分包合同无效，因为：

(1)第一施工队不具备法人资格，无合法授权。

(2)第一施工队将总体工程的1/2以上发包给他方，《中华人民共和国建筑法》规定：主体结构必须由总承包单位自行完成。

2. 乡镇工程队提供的承包工程法定文书不完备，未交验建筑企业资格证书；建设主管部门有权责令停工。该合同应由法院或仲裁机构确认。由于双方都有过错，应分别承担责任，依法宣布分包合同无效，终止合同。由市政公司按规定支付已完成工程量的实际费用(不含利润)，不承担违约责任。

监理公司负有监理失职责任。在本案例中，政府管理部门和社会监理机构分别从宏观和微观层次对建设工程进行管理，而二者的职能性质和管理范围却有很大不同。

案例1-2 园林工程质量管理

某建设单位与施工单位签订了大型水景工程施工承包合同，合同中规定管材由建设单位指定厂家，施工单位负责采购，厂家负责运输到工地，并委托了监理单位负责施工阶段的监理。当管材运到工地后，施工单位认为由建设单位指定的管材可直接用于工程，如有质量问题均由建设单位负责；监理工程师则认为必须有产品合格证、质量保证书，并要进行材质检验。而建设单位现场项目管理代表却认为这是多此一举，后来监理工程师按规定进行了抽检，检验结果达不到设计要求，遂要求对该批管材进行处理，建设方现场项目管理代表认为监理工程师故意刁难，要求监理单位赔偿材料损失，支付试验费用。

【问题】

1. 若该批材料用于工程造成质量问题，谁负有责任?
2. 材料损失和试验费该由谁承担?
3. 怎样看待施工方和建设单位现场项目管理代表的行为?

【分析】

1. 施工方和监理方均有责任。因为施工单位对用于工程的材料必须确保质量，而监理方对进场材料必须进行检查，不合格材料不准用于工程；而建设单位只是指定厂家，不负责任。

2. 材料损失由厂家承担，试验费用由施工单位承担。

3. 都不对。因为施工方对到场的材料有责任，必须进行抽样检查；监理工程师的行为属于由建设单位授权，为维护建设单位权益而进行的职责行为，建设单位现场项目管理代表横加干涉是不对的。

◇思考题

1. 名词解释：工程建设监理、政府建设监理、监理单位监理。
2. 园林工程建设监理的基本特点和性质是什么?
3. 现阶段我国园林工程建设监理的内容是什么?
4. 为什么我国工程建设行业要施行监理制度?
5. 试分析比较政府建设监理与监理单位监理的区别。
6. 如何运用园林工程监理的观点分析、处理工程实践中出现的问题?
7. 现阶段园林工程建设监理工作的内容有哪些?

单元2　园林工程监理组织与管理

◇学习目标

【知识目标】

(1) 了解监理单位取得监理业务的途径。

(2) 掌握园林工程建设监理费的取费标准。

(3) 了解监理工程师的概念和素质、职业道德和纪律。

(4) 熟悉监理工程师资格考试和注册办法。

(5) 了解监理单位的概念和设立程序。

(6) 了解监理单位的经营活动基本准则。

(7) 熟悉监理单位的资质与管理。

【技能目标】

(1) 能够编制园林工程项目监理机构人员配备。

(2) 能够编制监理单位的资质申请和年检报告。

(3) 能够分析处理监理建设各方的关系。

2.1　建设监理业务委托

2.1.1　建设工程监理范围

建设工程监理是一种特殊的中介服务活动，对建设工程实行强制性监理，对控制建筑工程的投资、保证建设工期、确保建筑工程质量具有非常重要的意义。建设工程监理的范围可以分为监理的工程范围和监理的建设阶段范围。

2.1.1.1　工程范围

为了充分有效发挥建设工程监理的作用，加大推行监理的力度，根据《中华人民共和国建筑法》，国务院公布的《建筑工程质量管理条例》对实行强制监理的建设工程的范围做了原则性的规定，建设部于2001年1月7日颁布建设部第86号令《建设工程监理范围和规模标准规定》中对实行强制监理的建设工程的范围作了具体规定。

必须实行监理的建设工程范围包括：

(1) 国家重点建设工程

国家重点建设工程，是指依据《国家重点建设项目管理办法》所确定的对国民经济和社会发展有重大影响的骨干项目。

(2) 大中型公用事业工程

大中型公用事业工程，是指项目总投资额在3000万元以上的下列工程项目：

①供水、供电、供气、供热等市政工程项目；

②科技、文化、教育等项目；

③体育、旅游、商业等项目；

④卫生、社会福利等项目；

⑤其他公用事业项目。

（3）成片开发建设的住宅小区项目

成片开发建设的住宅小区项目，建筑面积在5万m^2以上的住宅建设工程必须实行监理；5万m^2以下的住宅建设工程可以实行监理，具体范围和规模标准由省、自治区、直辖市人民政府建设行政主管部门规定。

（4）利用外国政府或国际组织贷款、援助资金的工程

①使用世界银行、亚洲开发银行等国际组织贷款资金的项目；

②使用国外政府及其机构贷款资金的项目；

③使用国际组织或者国外政府援助资金的项目。

（5）国家规定必须实行监理的其他工程

项目总投资额在3000万元以上的，关系社会公共利益、公共安全的基础设施项目。

国务院建设行政主管部门商同国务院有关部门后，可以对本规定确定的必须实行的建设工程具体范围和规模标准进行调整。

2.1.1.2　阶段范围

建设工程监理可以适用于工程建设投资决策阶段和实施阶段，但目前主要是建设工程施工阶段。

在建设工程施工阶段，建设单位、勘察单位、设计单位、施工单位和工程监理企业等工程建设的各类行为主体均出现在建设工程当中，形成了一个完整的建设工程组织体系。在这个阶段，建筑市场的发包体系、承包体系、管理服务体系的各个主体在建设工程中会合，由建设单位、勘察单位、设计单位、施工单位和工程监理企业的各自承担工程建设的责任和义务，最终将建设工程建成投入使用。在施工阶段委托监理，其目的是更有效地发挥监理的规划、控制、协调作用，为在计划内建成工程提供管理。

2.1.2　园林工程监理业务委托的形式

（1）直接委托与招标优选

园林建设工程项目实施建设监理，建设单位可直接委托某一个具有园林工程建设项目监理资格的社会建设监理单位来承担（直接委托），也可以采用招标的办法优选社会建设监理单位（招标优选）。

（2）全程监理与阶段监理

建设单位可以委托一个社会建设监理单位承担工程项目建设全过程的监理任务（全程监理），也可委托多个社会建设监理单位分别承担不同阶段的监理（阶段监理）。

2.1.3　园林工程监理业务委托的程序

园林建设单位在选择园林工程监理单位前，首先要向园林建设单位所在地区的上级主

管部门申请，然后确定监理业务的形式。

园林工程监理单位在接受监理委托后，应在开始实施监理业务前向受监工程所在地区县级以上人民政府建设行政主管部门备案，接受其监督管理。

园林建设单位要与监理单位签订监理委托合同。主要内容包括监理工程对象、双方权利和义务、监理费用、争议问题的解决方式等，用书面形式明确上述内容。

由于依法签订的合同，是为委托方与被委托方的共同利益服务的，对双方也都有法律的约束力，也就是双方当事人对于承诺的合同必须全面履行合同规定的义务；再就是已签订的合同不得擅自解除或变更合同，如要解除或变更合同，也必须经双方协商，达成新的协议后才能解除或变更。由于合同是一种法律文件，当双方发生争议时，都将以合同的条款为依据进行调解，如调解不成，可报请工程所在地县级以上人民政府的建设行政主管部门及至经济合同仲裁机关仲裁。

在此合同签订之前，建设单位要将其与监理单位商定的监理权限，在与承建单位签订的承包合同中予以明确，以保证建设监理业务的顺利实施。建设单位也要将所委托的监理单位、监理内容、总监理工程师姓名与赋予的权限一并以书面通知承建单位。监理单位的总监理工程师也应将授予监理工程师的有关权限通知承建单位。

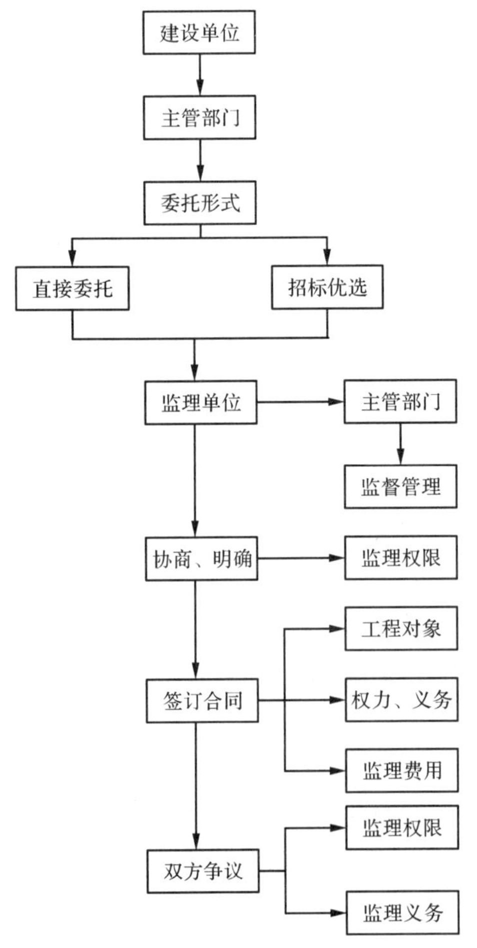

图 2-1 建设工程监理程序

建设工程监理程序如图 2-1 所示。

为了适应建设监理事业的发展，住建部已在全国范围内推行“工程建设监理委托合同示范文本”，该文本中有“工程建设监理委托合同”及附合同的“工程建设监理委托合同标准条件”。

2.1.4 园林工程建设监理费

我国建设监理有关规定指出：“工程建设监理是有偿的服务活动，酬金及计提办法，由监理单位与建设单位依据所委托的监理内容和工作深度协商确定，并写入监理委托合同。”这条规定是与国际惯例相一致的。从监理单位来讲，在监理服务中所收取的货币总额是使企业业生存和发展的必要条件。这笔经费用财务术语表达即所谓费用，亦可称为补偿。建设项目的规模不同，收取费用不同。从建设单位角度来说，为了使监理单位能正常进行工作，完成委托合同中所要求的服务规模，必须付给其适当的报酬，用以补偿监理单位进行服务时的投资，这是委托方的义务。

如果建设单位所提供的监理费用过低，在经济上也是得不偿失的。事实上，适当的补偿费用与工程服务所产生的价值进行比较，补偿费用往往只占很小的部分。有时候，监理工程师提出的改进意见所节省的投资，要远远超出建设单位所付出的监理费用。所以，提供适当的费用，得到专家的高智能服务，从而保证工程建设项目的质量、进度、投资能得到有效控制，对于建设单位实际上是一项很经济的投资。

2.1.4.1 监理费的构成

作为企业，监理单位要负担必要的支出，监理单位的经营活动应达到收支平衡，且略有节余。概括地说，监理费的构成是指监理单位在工程项目建设监理活动中所需要的全部费用，再加上应缴纳的税金和合理的利润，即包括直接费用、间接费用、税金和利润4个部分。

（1）直接费

直接费是指监理单位在完成某项监理业务中所发生的各项费用，主要包括：

①监理人员和监理辅助人员的工资，包括基本工资、津贴、附加工资、奖金等。

②用于监理人员和监理辅助人员的其他专项支出，包括差旅费、补助费、书报费、医疗费等用于监理工作的办公设施、检测仪器的购置费和其他仪器、机械的租赁费等。

③所需的其他外部服务支出。

（2）间接费

间接费又称日常管理费，它包括全部业务经营开支和非工程项目监理的特定支出，间接费由规费和企业管理费构成。

①规费　是指政府和有关权力部门规定必须交纳的费用，一般包括社会保障费、住房公积金等。

②企业管理费　是指监理单位组织监理工作和经营管理所需的费用。主要包括：

- 监理单位管理工作人员的工资，包括基本工资、津贴、附加工资、奖金等。
- 经营服务费，包括承揽监理业务而发生的广告费、宣传费、有关合同的公证费和签证费等活动费用。
- 办公费，包括办公用品购置费、通讯邮寄费、交通费、维修费、会议费以及差旅费等费用。
- 其他固定资产及常用工具、器具和设备的使用费等费用。
- 业务培训费，图书、资料购置费等教育经费。
- 新技术开发、研制、使用费。
- 咨询费、专有技术使用费。
- 职工福利费、劳动保护费。
- 工会等职工组织活动经费。
- 其他行政活动经费，如职工文化活动经费等。
- 企业领导基金和其他营业外支出。

（3）税金

税金是指按照国家规定，监理单位应交纳的各种税金总额，包括交纳企业营业税、所得税等。监理单位属科技服务类，应享受一定的优惠政策。

(4) 利润

利润是指监理单位的监理活动收入扣除直接费、间接费和各种税金之后的余额。监理单位是一个高智能群体，监理是一种高智能的技术服务，监理单位的利润应当高于社会平均利润。

2.1.4.2 监理费的计算方法

监理费的计算方法，一般是由建设单位和监理单位协商确定。

(1)按时计算法

按时计算法是根据委托监理合同约定的服务时间(时、日、月)，按照单位时间监理服务费来计算监理费的总额。单位时间的监理服务费一般以工程监理企业的基本工资为基础，加上一定的管理费和利润(税前利润)。采用这种方法，监理人员的差旅费、函电费、资料费以及试验和检验费、交通费等均由业主另行支付。

适用于临时性、短期的监理业务，或者不宜按工程概(预)算的百分比等其他办法计算监理费的监理业务。其中单位时间监理费的标准比工程监理企业内部的标准要高得多。

(2)工资加一定比例的其他费用计算法

这种方法是以项目监理机构监理工作人员的实际工资为基数乘上一个系数计算得出。这个系数包括了应有的间接成本和税金、利润。除了监理人员的工资外，其他各项直接费用等均由业主另行支付。一般情况下，较少采用。

(3)建设工程投资百分比计算法

这种方法比较简单，业主和工程监理企业均容易接受，也是国家制定监理取费标准的主要形式。采用这种方法的关键是确定监理费的基数。新建、改建、扩建工程以及较大型的技术改造工程所编制的工程概(预)算是初始计算监理费的基数。工程结算时，再按实际工程投资进行调整。作为计算监理费基数的工程概(预)算仅限于委托监理的工程部分。

一般工程规模越大，建设成本越高，监理取费的比例就越低。如果是采用按实际工程费计算费用，那么要注意避免由于监理工程师提出的合理化建议、修改设计而使工程费用降低，从而导致监理报酬降低的情形发生。按照国际惯例，在商签合同时，应适当规定明确奖罚措施，即明确由于监理工程师的出色工作，为建设单位节约了较大的投资，业主应根据情况对监理工程师给予一定比例的补偿。

(4)固定价格计算法

固定价格计算法是指在明确监理工作内容的基础上，业主与监理企业协商一致确定的固定监理费，或监理企业在投标中以固定价格报价并中标而形成的监理合同价格。工作量有所增减时，一般也不调整监理费。适用于监理内容比较明确的中小型工程监理费的计算，业主和工程监理企业都不会承担较大的风险。

2.1.4.3 监理费的规定

国家有关主管部门规定：工程建设监理费根据委托监理业务的范围、深度和工程的性质、规模、难易程度以及工作条件等情况，按照下列方法之一计收：

①按所监理工程概(预)算的百分比计收(表 2-1)；

②按照参与监理工作的年度平均人数计算：3.5 万~5 万元/(人·年)。

以上规定的两种收费标准为指导性价格，具体收费标准由建设单位和监理单位在规定的幅度内协商确定。对不宜按指导性价格为收费标准的，应由建设单位和监理单位按商定的其他方法计收监理费。

表 2-1 工程建设监理收费标准

序号	工程概(预)算 M(万元)	设计阶段(含设计招标) 监理取费 a(%)	施工阶段(含施工招标)及保修阶段监理取费 b(%)
1	$M<500$	$a<0.20$	$2.50<b$
2	$500 \leq M<1000$	$0.15<a \leq 0.20$	$2.00<b \leq 2.50$
3	$1000 \leq M<5000$	$0.10<a \leq 0.15$	$1.40<b \leq 2.00$
4	$5000 \leq M<10\ 000$	$0.08<a \leq 0.10$	$1.20<b \leq 1.40$
5	$10\ 000 \leq M<50\ 000$	$0.05<a \leq 0.08$	$0.80<b \leq 1.20$
6	$50\ 000 \leq M<100\ 000$	$0.03<a \leq 0.05$	$0.60<b \leq 0.80$
7	$M<100\ 000$	$a \leq 0.03$	$b \leq 0.60$

2.2 监理工程师

2.2.1 监理工程师的概念

监理工程师是指经全国监理工程师执业资格统一考试合格，取得《监理工程师岗位证书》并经注册从事建设工程监理活动的专业人员，按专业设置岗位。

由于建设监理业务是工程管理服务，是涉及多学科、多专业的技术、经济、管理等知识的系统工程，执业资格条件要求较高。因此，监理工作需要一专多能的复合型人才来承担，监理工程师不仅要有理论知识，熟悉设计、施工、管理，还要有组织、协调能力，更重要的是应掌握并应用合同、经济、法律知识，具有复合型的知识结构。建设工程监理的实践证明，没有专业技能的人不能从事监理工作；有一定专业技能，从事多年工程建设，具有丰富施工管理经验或工程设计经验的专业人员，如果没有学习过工程监理知识，也难以开展监理工作。

由于建设工程的类别十分复杂，不仅土建工程需要监理，工业交通、设备安装工程也需要监理。更为重要的是，监理工程师在工程建设中担负着十分重要的经济和法律责任，所以，无论已经具备何种高级专业技术职称，或已具备何种执业资格的人员，如果不再学习建设监理知识，都无法从事工程监理工作。参加监理知识培训学习后，能否胜任监理工作，还要经过执业资格考试，取得监理工程师执业资格，并经注册，方可从事监理工作。

国际上经常使用的各种工程合同条件中，几乎无一例外地都包含着有关监理工程师的条款。在世界大多数国家的工程项目建设程序中，每一个工作阶段都有监理工程师的参与。如在国际工程招标与投标过程中，凡是有关审查投标人工程经验和业绩的内容，都是提供监理工程师的名字。

从事监理工作，但尚未取得《监理工程师注册证书》的人员，统称为监理员。监理员在从事监理工作前，需经各省、自治区、直辖市建设工程监理主管部门确认的培训单位培训合格后方可上岗。在从事监理工作中，监理工程师与监理员的主要区别在于是否具有相应岗位责任的签字权，监理工程师具有相应岗位责任的签字权，而监理员没有相应岗位责任的签字权。

2.2.2 监理工程师的素质

建设工程监理工作对监理工程师的素质要求相当全面，其素质主要包括以下几个方面。

(1) 较高的专业学历和复合型的知识结构

工程建设涉及很多学科，其中主要学科就有几十种。作为监理工程师当然不可能掌握这么多的专业理论知识，但至少应掌握一种专业理论知识。没有专业理论知识的监理人员无法承担监理工程岗位工作。所以，要成为一名监理工程师，至少应具有大专以上的学历，并应了解或掌握一定工程建设经济、法律和组织管理等方面的理论知识。不断了解新技术、新设备、新材料、新工艺，熟悉与工程建设有关的现行法律法规、政策规定，成为一专多能的复合型人才，持续保持较高的知识水准，即具有较深厚的现代科技理论知识、经济管理知识和一定的法律知识。

(2) 丰富的工程建设实践经验

监理工程师的业务内容体现的是工程技术理论与工程管理理论的应用，具有很强的实践性。因此，实践经验是监理工程师的重要素质之一。在实际工程建设出现失误的原因中，少数是因责任心不强，多数是因缺乏实践经验。实践经验主要包括工程建设的立项评估、地质勘探、规划设计、工程施工与管理、招标投标、经济管理、工程监理工作等方面的工作实践经验。

(3) 良好的品德

监理工程师的良好品德主要体现在以下几个方面：

①三热爱——热爱祖国、人民、事业；

②科学的工作态度；

③廉洁奉公、为人正直、办事公道；

④集百家意见，良好的包容性。

(4) 健康的体魄、充沛的精力

尽管工程监理是一种高智能的技术性服务，以脑力劳动为主，但是，也必须具有健康的体魄和充沛的精力，才能胜任繁忙、严谨的监理工作。尤其是在园林建设工程施工阶段，由于室外露天作业，工作环境条件艰苦，工期紧迫，业务繁忙，更需要有健康的身体，否则，难以胜任工作。我国在工程师注册管理中规定对年满65周岁的监理工程师不再进行注册，主要就是考虑监理从业人员的身体健康状况而设定的条件。

2.2.3 监理工程师的职业道德

工程监理工作的特点之一是要体现公正原则，监理工程师在执业过程中不能损害任何一方的利益。因此为了确保建设工程监理事业的健康发展，对监理工程师的职业道德和工作纪律都有严格的要求，在有关法律里也作了具体的规定。在监理行业中监理工程师应严格遵守以下通用职业道德守则：

- 维护国家的荣誉和利益，按照“守法、诚信、公正、科学”的准则执业；
- 执行有关工程建设的法律、法规、标准、规范、规程和制度，履行监理合同规定的义务和职责；
- 努力学习专业技术和技术监理知识，不断提高业务能力和监理水平；
- 不以个人名义承揽监理业务；
- 不同时在两个或两个以上监理单位注册和从事监理活动，不在政府部门和施工、材料设备的生产供应等单位兼职；
- 不为所监理项目指定承包商，不指定建筑构配件、设备、材料生产厂家和施工方法；
- 不收受被监理单位的任何礼金；
- 不泄露所监理工程各方认为需要保密的事项；
- 坚持独立自主地开展工作。

2.2.4 监理工程师执业资格考试

为了适应我国经济建设的发展，加强工程建设项目监理，确保工程建设质量，提高工程建设监理人员素质和工程建设监理工作水平，自1997年起，在全国举行监理工程师执业资格考试，并将此项工作纳入全国专业技术人员执业资格制度实施规划。

（1）报考监理工程师的条件

凡是中华人民共和国公民，遵纪守法，具有工程技术或工程经济专业大专以上（含大专）学历，并符合下列条件之一者，可申请参加监理工程师执业资格考试。

①凡是具备按照国家有关规定评聘的工程技术或工程经济专业高、中级专业技术职称，且取得中级专业技术职称后任职3年以上的实际工作经历者。

②在全国监理工程师注册管理机关认定的培训单位，经过监理业务培训，取得培训结业证书。

③凡参加监理工程师执业资格考试者，由本人提出申请，所在单位推荐，持报名表到所在地区考试管理机构报名，经审查批准后，方可参加考试。

④监理工程师执业资格考试合格者，由各省、自治区、直辖市人事部门颁发人事部统一印制，中华人民共和国人力资源和社会保障部（以下简称人社部）和住建部共同盖印的《中华人民共和国监理工程师执业资格证书》，该证书在全国范围内有效。

(2) 考试时间、科目及考场设置

①监理工程师执业资格考试实行全国统一大纲、统一命题、统一组织、闭卷考试、分科记分、统一标准录取的方法，每年举行一次考试。

②考试科目为：建设工程监理基本知识和相关法规、工程建设合同管理、工程建设质量、进度、投资控制、建设工程监理案例分析。

③考场原则上设在省会城市，如需要在其他城市设置，须经人社部、住建部批准。

(3) 须提供的证明材料

①监理工程师执业资格考试报名表；

②学历证明；

③监理工程师专业技术职务证书。

2.2.5 监理工程师的注册与管理

监理工程师注册制度是政府对监理从业人员实行市场准入控制的有效手段。监理人员经注册，即表明获得了政府对其以监理工程师名义从业的行政许可，因而具有相应工作岗位的责任和权力。仅取得《监理工程师执业资格证书》，没有取得《监理工程师注册证书》的人员，则不具备这些权力，也不承担相应的责任。这意味着，即使取得监理工程师资格，由于不在监理单位工作，或者暂时不能胜任监理工程师的工作，或者为了控制监理工程师队伍的规模和专业结构等原因，均可以不予注册。总而言之，实行监理工程师注册制度，是为了建立一支适应工程建设监理工作需要的、高素质的监理队伍，是为了维护监理工程师岗位的严肃性。

(1) 注册条件

申请注册监理工程师者应具备下列条件：

①热爱祖国，拥护社会主义制度，遵纪守法，遵守职业道德；

②已取得《监理工程师执业资格证书》；

③在监理单位执业，并能胜任担负监理工作；

④身体健康，能适应工程建设现场监理工作的需要；

⑤符合监理专业结构中的合理、配套、规格适中的监理队伍的需要。

(2) 申请与注册

①申请监理工程师注册，要提供的材料包括：

- 监理工程师注册申请表；
- 《监理工程师执业资格证书》；
- 其他有关资料。

②申请监理工程师注册的程序如下：

第一，申请者向聘用单位提出申请；

第二，聘用单位同意后，连同上述材料由聘用单位向所在省、自治区、直辖市人民政府建设行政主管部门提出申请；

第三，省、自治区、直辖市人民政府建设行政主管部门审查合格后，报国务院建设行政主管部门；

第四，国务院建设行政主管部门对初审意见进行审核，对符合条件者准予注册，并颁发《监理工程师注册证书》和执业印章。执业印章由监理工程师本人保管。

国务院建设行政主管部门对监理工程师注册每年定期集中审批一次，并实行公示、公告制度，对经公示未提出异议的予以批准注册。

(3) 注册管理

①申请注册人员出现下列情形之一的，不能获得注册：

• 不具备完全民事行为能力；

• 受到刑事处罚，自刑事处罚执行完毕之日起至申请注册之日未满5年；

• 在工程监理或者相关业务中有违规违法行为或者犯严重错误，受到责令停止执业的行政处罚；

• 在申报注册过程中有弄虚作假行为；

• 同时注册两个及两个以上单位；

• 年满65周岁及65周岁以上；

• 法律、法规和国务院建设、人事行政主管部门规定不予注册的其他情形。

②监理工程师在注册后，有下列情形之一的，原注册机关将撤销其注册，收回《监理工程师注册证书》和执业印章：

• 不具备完全民事行为能力；

• 死亡或依据《中华人民共和国民法通则》的规定宣告死亡的；

• 受到刑事处罚的；

• 在工程监理或者相关业务中有违规违法行为或造成工程事故受到责令停止执业的行政处罚；

• 自行停止监理工程师业务满2年的；

• 违反执业道德规范、执业纪律等行规行约的。

已取得《监理工程师岗位证书》但未注册人员，不得以监理工程师的名义从业；已注册的监理工程师不得以个人名义从业(私自承接建设工程监理业务)。

监理工程师注册机构每5年对持有《监理工程师岗位证书》者进行一次复审，不符合条件者，不予注册，并收回证书。

监理工程师退出、调出或被解聘，则向监理工程师注册机构交回其《监理工程师岗位证书》，核销注册。

2.3 工程建设监理单位

2.3.1 监理单位的概念与类型

(1) 监理单位的概念

监理单位一般是指具有法人资格，取得监理单位资质证书，主要从事园林工程建设监理工作的监理公司、监理事务所和兼承监理业务的工程设计、科学研究及工程建设咨询的单位；也包括具有法人资格的单位下设的专门从事园林工程建设监理工作的二级机构，如设计单位的监理部等。

工程建设监理单位是我国推行建设监理制度之后才逐渐兴起的一种企业。它的责任主要是向业主提供高智能的技术服务，对工程项目建设的投资、建设工期和质量进行监督管理，力图帮助业主实现建设项目的投资意图。监理单位是我国经济体制改革中出现的新事物，是我国经济制度的重要组成部分。

(2) 监理单位的类型

监理单位是企业性质的单位，是实行经济独立核算，从事营利性经营和服务活动的经济实体。因此，根据不同的划分标准可将监理单位划分为不同的类型，划分标准主要是企业的经济性质、企业的组建方式、企业的经济责任、企业的资质等级和企业从事的主要业务范围。监理单位的类型见表2-2。

表2-2 监理单位类型

分类依据	监理单位类型
经济性质	全民所有制企业、集体所有制企业、民营所有制企业和混合所有制企业
组建方式	股份公司、合资企业、合作企业、合伙企业等
经济责任	有限责任公司、无限责任公司
资质等级	甲级企业、乙级企业、丙级企业
主要业务	不同专业类别的监理企业

(3) 园林工程建设监理单位的地位

从建筑市场角度来看，我国建筑市场的管理体制是在政府的监督管理下，由项目业主、承建商、建设工程监理单位三方直接参加的“三元”管理体制。

在园林工程建设市场中，业主和承建商是买卖的双方。承建商(包括园林工程建设的勘察、规划、设计、施工、材料供应等单位)以物的形式出卖自己的劳动，是卖方；项目业主是以支付货币的形式购买承建商的产品，是买方；建设工程监理单位是介于承建商和项目业主之间的第三方，为促进承建商和项目业主进行交易活动而提供技术服务。因此，业主、承建商和监理单位三方共同构成了工程建设市场三大支柱。

2.3.2 监理单位的设立

(1) 设立园林工程建设监理单位的基本条件

①要有企业自身的名称和固定的办公场所；

②要有企业自身的组织机构，如领导机构和各职能部门等，有一定数量的专门从事园林工程监理的工程经济、技术人员，而且专业基本配套，各级技术人员数量与职称相符；

③要有符合国家规定的一定数额的注册资金；

④拟订有园林工程建设监理单位的章程；

⑤有主管单位的，要有主管单位同意设立监理单位的批准文件；

⑥从事园林建设工程监理工作的人员中，要有一定数量的人已取得《监理工程师资格证书》和园林工程监理培训结业合格证书。

（2）设立园林工程建设监理单位应准备的材料

新设立的园林工程监理企业应当向企业所在地方建设行政主管部门提供以下资料：

①工程监理企业资质申请表；

②企业法人营业执照；

③企业章程；

④企业负责人和技术负责人的工作简历、注册监理工程师证书等有关证明材料；

⑤工程监理人员的监理工程师注册证书；

⑥需要出具的其他有关证书、资料。

（3）园林工程建设监理单位设立的程序

①向工商行政管理部门登记注册，取得企业法人营业执照　工商行政管理部门对申请登记注册工程监理企业的审查，主要是按企业法应具备的条件进行审查。经审查合格者，给予登记注册，并填发企业法人营业执照。登记注册是对法人成立的确认，没有获准登记注册的，不得以申请登记注册的法人名称进行经营活动。监理单位营业执照的签发日期即为监理单位的成立日期。

设立园林工程建设监理单位的申请书内容包括：企业名称与地址；企业法人代表的简历（姓名、年龄、学历、工作经历、职称）；监理工程师人员的简历（姓名、年龄、学历、工作经历、职称）；企业所有制性质及章程；上级主管部门名称；注册资金数额；业务范围等。

②在建设行政主管部门办理资质申请手续　按照申报的要求，建设行政主管部门首先对申请新设立的园林工程监理企业资质进行审查，主要是看其是否具备开展监理业务的能力，再核定其开展建设工程监理业务活动的经营范围，并提出资质审查合格的书面材料。

- 按照申报要求，准备好各种材料向建设监理行政主管部门申报设立；
- 建设监理行政主管部门审查其资质条件；
- 资质审查合格者到当地工商行政管理机关申请登记注册，领取营业执照。

2.3.3　监理单位的资质管理

园林工程建设监理单位的资质管理，主要是指对监理单位的设立、定级、升级、降级变更、终止等资质审查或批准及资质证书管理等。

（1）园林工程建设监理单位的资质要素

园林工程建设监理单位的资质，是指从事监理业务应具备的人员素质、资金数量、管理水平及管理业绩等，主要体现在监理能力及其监理效果上。监理能力是指能够监理多大规模和多复杂程度的园林工程建设项目。监理效果是指对园林工程建设项目实施监理后，在园林工程建设投资控制、质量控制、进度控制等方面取得的成果。

园林工程建设监理单位的资质要素包括以下几个方面：

①监理人员要素　监理单位监理人员的配备应根据单位的经营规模、承担监理任务的范围，以及单位近期或远期发展规模等，统筹考虑后加以确定。根据国内外社会监理经验，一般每年投资密度100万元(人民币)应配备1～1.5名监理人员；各级、各类监理人员的配置比例要适度，一般高级职称监理人员占总数10%～15%，中级监理人员占总数60%～65%，监理人员占总数5%～10%，行政管理人员占总数5%～10%。

②专业配套能力　监理单位设立的专业技术人员配备要合理，应根据监理业务的特点，配备适量的建筑师、机械及电气工程师、测绘师、经济师、会计师，以及合同管理、信息管理、行政管理等人员。一般来说，技术管理与经济管理人员比例为3.5∶1.0。监理单位的法人代表应由具有高级职称的监理人员担任，并应设置总监理工程师负责监理单位的各项监理任务的组织、指挥、协调和控制等方面的工作。

③监理单位的技术装备　监理单位的设施包括硬件和软件设施。硬件设施有办公用房、运输机具、通讯设备、自动化办公设备、检测及测试设施，以及生活与工作的物质条件等。软件设施包括信息收集、加工、分析、检索、存储等计算机处理的软件系统，成本、质量、计划等监理目标的控制系统，合同、索赔、文书档案等信息管理系统，以及建设监理技术、经济、控制、管理等工作系统。

④监理单位的管理水平　指监理单位能否将本单位所有的人、财、物发挥出来。管理水平包括监理单位法人的素质和能力；监理单位规章制度是否健全完善(如组织管理、人事管理、财务管理、经济管理等制度)，并且能否有效执行；监理方法和手段是否具有先进性。

⑤监理单位的经历和成效　主要是指监理活动在控制工程建设投资、工期和保证工程质量等方面取得的效果，即监理单位监理的园林工程项目数量和等级。监理单位监理过的"大""难"的项目越多，成效越大，表明其资质越高。

(2)监理单位的资质等级

按照《工程监理企业资质管理规定》，工程监理企业资质分为综合资质、专业资质和事务所资质。其中，专业资质按照工程性质和技术特点划分为若干工程类别。综合资质、事务所资质不分级别。专业资质分为甲级、乙级；其中，房屋建筑、水利水电、公路和市政公用专业资质可设立丙级。

我国监理单位各级资质标准如下：

①综合资质标准

- 具有独立法人资格且注册资本不少于600万元。
- 企业技术负责人应为注册监理工程师，并具有15年以上从事工程建设工作的经历或者具有工程类高级职称。
- 具有5个以上工程类别的专业甲级工程监理资质。
- 注册监理工程师不少于60人，注册造价工程师不少于5人，一级注册建造师、一级注册建筑师、一级注册结构工程师或者其他勘察设计注册工程师合计不少于15人次。

• 企业具有完善的组织结构和质量管理体系，有健全的技术、档案等管理制度。

• 企业具有必要的工程试验检测设备。

• 申请工程监理资质之日前一年内无本规定第十六条禁止的行为。

• 申请工程监理资质之日前一年内无因本企业监理责任造成重大质量事故。

• 申请工程监理资质之日前一年内无因本企业监理责任发生三级以上工程建设重大安全事故或者发生两起以上四级工程建设安全事故。

②专业资质标准

• 甲级资质

——具有独立法人资格且注册资本不少于 300 万元。

——企业技术负责人应为注册监理工程师，并具有 15 年以上从事工程建设工作的经历或者具有工程类高级职称。

——注册监理工程师、注册造价工程师、一级注册建造师、一级注册建筑师、一级注册结构工程师或者其他勘察设计注册工程师合计不少于 25 人次；其中，相应专业注册监理工程师不少于《专业资质注册监理工程师人数配备表》中要求配备的人数，注册造价工程师不少于 2 人。

——企业近 2 年内独立监理过 3 个以上相应专业的二级工程项目，但是，具有甲级设计资质或一级及以上施工总承包资质的企业申请本专业工程类别甲级资质的除外。

——企业具有完善的组织结构和质量管理体系，有健全的技术、档案等管理制度。

——企业具有必要的工程试验检测设备。

——申请工程监理资质之日前一年内无《工程监理企业资质管理规定》第十六条禁止的行为。

——申请工程监理资质之日前一年内无因本企业监理责任造成重大质量事故。

——申请工程监理资质之日前一年内无因本企业监理责任发生三级以上工程建设重大安全事故或者发生两起以上四级工程建设安全事故。

• 乙级资质

——具有独立法人资格且注册资本不少于 100 万元。

——企业技术负责人应为注册监理工程师，并具有 10 年以上从事工程建设工作的经历。

——注册监理工程师、注册造价工程师、一级注册建造师、一级注册建筑师、一级注册结构工程师或者其他勘察设计注册工程师合计不少于 15 人次。其中，相应专业注册监理工程师不少于《专业资质注册监理工程师人数配备表》中要求配备的人数，注册造价工程师不少于 1 人。

——有较完善的组织结构和质量管理体系，有技术、档案等管理制度。

——有必要的工程试验检测设备。

——申请工程监理资质之日前一年内无《工程监理企业资质管理规定》第十六条禁止的行为。

——申请工程监理资质之日前一年内无因本企业监理责任造成重大质量事故。

——申请工程监理资质之日前一年内无因本企业监理责任发生三级以上工程建设重大安全事故或者发生两起以上四级工程建设安全事故。

• 丙级资质

——具有独立法人资格且注册资本不少于50万元。

——企业技术负责人应为注册监理工程师，并具有8年以上从事工程建设工作的经历。

——相应专业的注册监理工程师不少于《专业资质注册监理工程师人数配备表》中要求配备的人数。

——有必要的质量管理体系和规章制度。

——有必要的工程试验检测设备。

③事务所资质标准

• 取得合伙企业营业执照，具有书面合作协议书。

• 合伙人中有3名以上注册监理工程师，合伙人均有5年以上从事建设工程监理的工作经历。

• 有固定的工作场所。

• 有必要的质量管理体系和规章制度。

• 有必要的工程试验检测设备。

(3) 监理单位的业务范围

在《工程监理企业资质管理规定》中对监理单位的业务范围规定如下：

①综合资质可以承担所有专业工程类别建设工程项目的工程监理业务。

②专业甲级资质可承担相应专业工程类别建设工程项目的工程监理业务。专业乙级资质可承担相应专业工程类别二级以下(含二级)建设工程项目的工程监理业务。专业丙级资质可承担相应专业工程类别三级建设工程项目的工程监理业务。

③事务所资质可承担三级建设工程项目的工程监理业务，但是，国家规定必须实行强制监理的工程除外。

④工程监理企业可以开展相应类别建设工程的项目管理、技术咨询等业务。

(4) 工程监理单位资质申请与审批

①申请综合资质、专业甲级资质　向企业工商注册所在地的省、自治区、直辖市人民政府建设主管部门提出申请。省、自治区、直辖市人民政府建设主管部门应当自受理申请之日起20日内初审完毕，并将初审意见和申请材料报国务院建设主管部门。国务院建设主管部门应当自省、自治区、直辖市人民政府建设主管部门受理申请材料之日起60日内完成审查，公示审查意见，公示时间为10日。其中，涉及铁路、交通、水利、通信、民航等专业工程监理资质的，由国务院建设主管部门送国务院有关部门审核。国务院有关部门应当在20日内审核完毕，并将审核意见报国务院建设主管部门。国务院建设主管部门根据初审意见审批。

②申请专业乙级、丙级资质和事务所资质　由企业所在地省、自治区、直辖市人民政府建设主管部门审批。专业乙级、丙级资质和事务所资质许可延续的实施程序由省、

自治区、直辖市人民政府建设主管部门依法确定。省、自治区、直辖市人民政府建设主管部门应当自作出决定之日起10日内，将准予资质许可的决定报国务院建设主管部门备案。

③申请工程监理企业资质　应当提交以下材料：

- 工程监理企业资质申请表(一式三份)及相应电子文档；
- 企业法人、合伙企业营业执照；
- 企业章程或合伙人协议；
- 企业法定代表人、企业负责人和技术负责人的身份证明、工作简历及任命(聘用)文件；
- 工程监理企业资质申请表中所列注册监理工程师及其他注册执业人员的注册执业证书；
- 有关企业质量管理体系、技术和档案等管理制度的证明材料；
- 有关工程试验检测设备的证明材料。

取得专业资质的企业申请晋升专业资质等级或者取得专业甲级资质的企业申请综合资质的，除前款规定的材料外，还应当提交企业原工程监理企业资质证书正、副本复印件，企业《监理业务手册》及近两年已完成代表工程的监理合同、监理规划、工程竣工验收报告及监理工作总结。

④资质延续　资质有效期届满，工程监理企业需要继续从事工程监理活动的，应当在资质证书有效期届满60日前，向原资质许可机关申请办理延续手续。

对在资质有效期内遵守有关法律、法规、规章、技术标准，信用档案中无不良记录，且专业技术人员满足资质标准要求的企业，经资质许可机关同意，有效期延续5年。

⑤企业变更　工程监理企业在资质证书有效期内名称、地址、注册资本、法定代表人等发生变更的，应当在工商行政管理部门办理变更手续后30日内办理资质证书变更手续。涉及综合资质、专业甲级资质证书中企业名称变更的，由国务院建设主管部门负责办理，并自受理申请之日起3日内办理变更手续。

前款规定以外的资质证书变更手续，由省、自治区、直辖市人民政府建设主管部门负责办理。省、自治区、直辖市人民政府建设主管部门应当自受理申请之日起3日内办理变更手续，并在办理资质证书变更手续后15日内将变更结果报国务院建设主管部门备案。

申请资质证书变更，应当提交以下材料：

- 资质证书变更的申请报告；
- 企业法人营业执照副本原件；
- 工程监理企业资质证书正、副本原件。

工程监理企业改制的，除前款规定材料外，还应当提交企业职工代表大会或股东大会关于企业改制或股权变更的决议、企业上级主管部门关于企业申请改制的批复文件。

2.3.4 监理单位资质的监督管理

(1) 监督管理

禁止法律、法规规定以外的其他资质、许可证等进入建设市场。

(2) 年检制

甲级工程监理企业资质由国务院建设行政主管部门负责年检。乙、丙级工程监理企业资质，由企业注册所在地省、自治区、直辖市人民政府建设行政主管部门负责年检。

(3) 园林工程建设企业资质年检程序

园林工程建设企业在规定的时间内向建设行政主管部门提交年检资料，《工程监理企业资质年检表》《工程监理企业资质证书》《监理业务手册》《企业法人营业执照》以及工程监理人员变化情况及其他有关资料，并交验《企业法人营业执照》。

建设行政主管部门会同有关部门在收到工程监理企业年检资料后40日内，对工程监理企业资质年检做出结论，并记录在《工程监理企业资质证书》副本的年检记录栏内。

(4) 年检内容

检查工程监理企业资质条件是否符合资质等级标准，是否存在质量、市场行为方面的违法、违规行为。

(5) 工程监理企业资质的结论

分为合格、基本合格、不合格3种。

工程监理企业资质条件符合资质等级标准，且在过去一年内未发生晋升资质的审批附加条件所列行为的，年检结论为合格。

工程监理企业资质条件中监理工程师注册人员数量、经营规模未达到资质标准，但不低于资质标准的80%，其他各项均达到资质标准要求，且在过去1年内未发生前述8种行为之一的，年检结论为基本合格。

有下列情形之一的，工程监理企业的资质年检结论为不合格：资质条件中监理工程师注册人员数量、经营规模未达到资质标准的80%，或者其他任何一项未达到资质等级标准；有晋升资质的审批附加条件所列行为之一的；已经按照法律、法规的规定予以降低资质等级处罚的行为，年检中不再重复追究。

(6) 工程监理企业资质升降级

工程监理企业资质年检为不合格或者连续2年年检基本合格，建设行政主管部门应当重新核定其资质等级。新核定的资质等级应低于原资质等级，达不到最低资质等级的，取消资质。

工程监理企业资质年检连续2年年检合格，方可申请晋升上一个资质等级。

降级的工程监理企业，经1年以上时间的整改，经建设行政主管部门核查确认，达到规定的资质标准，可重新申请原资质等级。

(7)《工程监理企业资质证书》管理

在规定的时间内没有参加资质年检的工程监理企业，则其资质证书自行失效，且 1 年内不得重新申请资质。

工程监理企业遗失《工程监理企业资质证书》，应当在公众媒体上公开声明作废。

工程监理企业更换名称、地址、法人代表、技术负责人等，应在变更后 1 个月内，到原资质审批部门办理变更手续。

2.3.5 监理单位与工程建设各方的关系

(1) 监理单位与业主的关系

两者之间是平等，授权与被授权，经济合同的关系。

(2) 监理单位与承建商的关系

监理单位与承建商之间是平等，监理与被监理的关系。

2.3.6 监理单位经营活动的基本原则

工程监理企业从事技术工程监理活动，应当遵循“守法、诚信、公正、科学”的准则。

(1) 守法

守法即遵守国家法律法规。对于工程监理企业守法就是依法经营，主要体现在：

- 工程监理企业只能在核定的业务范围内开展经营活动。
- 工程监理企业的业务范围，是指填写在资质证书中、经工程监理资质管理部门审查确认的主项资质和增项资质。核定的业务范围包括两方面：一是监理业务的工程类别；二是承接监理工程的等级。
- 工程监理企业不得伪造、涂改、出租、出借、转让、出卖《工程监理企业资质证书》。
- 建设工程监理合同一经双方签订，即具有法律约束力，工程监理企业应按照合同的约定认真履行，不得无故或故意违背自己的承诺。
- 工程监理企业离开原住所所在地承接监理业务，要自觉遵守当地人民政府颁发的监理法规和有关规定，主动向监理工程所在地的省、自治区、直辖市建设行政主管部门备案登记，接受其指导和监督管理。

(2) 诚信

诚信，即诚实信用。它要求一切市场参加者在不损害他人利益和社会公共利益的前提下，追求自己的利益，目的就是在当事人之间的利益关系和当事人与社会之间的利益关系中实现平衡，并维护市场道德秩序。诚信原则的主要作用在于指导当事人以善意的心态、诚信的态度行使民事权利，承担民事义务，正确地从事民事活动。

(3) 公正

公正是指工程监理企业在监理活动中既要维护业主的利益又不能损害承包商的合法利

益，并依据合同公平合理地处理业主与承建商之间的矛盾和纠纷，要做到“一碗水端平”，要分清相互的责任和权益。

工程监理企业要做到公正，必须做到以下几点：

- 要具有良好的职业道德；
- 要坚持实事求是；
- 要熟悉有关建设工程合同条款；
- 要提高专业技术能力；
- 要提高综合分析判断问题的能力。

(4) 科学

科学，是指工程监理企业要依据科学方案，运用科学的手段，采取科学方法开展监理工作。工程监理工作结束后，还要进行科学的总结。实施科学化管理主要体现：

①科学的方案　主要是指监理规划。在实施监理前，要尽可能准确地预测出各种可能的问题，有针对性地解决办法，制订出切实可行、行之有效的监理实施细则，使各项监理活动都纳入计划管理的轨道。

②科学的手段　实施工程监理必须借助于先进的科学仪器才能做好监理工作，如各种检测、试验、化验仪器、摄录像设备及计算机等。

③科学的方法　监理工作的科学方法主要体现在监理人员在掌握大量的、确凿的有关监理对象及其外部环境实际情况的基础上，适时、妥善、高效地处理有关问题；解决问题要用事实说话，用书面材料说话，用数据说话；要开发利用计算机软件辅助工程监理。

2.4　园林工程监理组织机构

2.4.1　监理单位组织机构概念和设计原则

2.4.1.1　项目监理机构概念

项目监理机构是指监理单位派驻工程项目负责履行委托监理合同的组织机构。

监理单位与建设地位签订后，在实施建设监理之前，应建立项目监理机构。项目监理机构的组织形式和规模，应根据委托监理合同规定的服务内容、服务期限、工程类别、规模、技术复杂程度、工程环境等因素确定。

2.4.1.2　项目监理机构组织设计的原则

(1) 集权与分权统一的原则

项目监理机构中，集权是指总监理工程师掌握所有监理大权，各专业监理工程师只是其命令的执行者。分权是指专业监理工程师在各自的管理范围内，有足够的决策权，总监理工程师主要起协调作用。

(2) 专业分工与协作统一的原则

对项目监理机构来说，分工就是主要将三大控制监理目标分成各部门监理人员的任务，明确干什么、怎么干。协作就是指明确机构内部各部门之间和各部门内部的协调关系与配合。

(3) 管理跨度与管理层次的原则

管理层次是指从组织的最高管理者到最基层的实际工作人员之间的层次等级的数量。管理层次分为：决策层、协调层、执行层、操作层。管理跨度是指一名上级管理人员所直接管理的下级人数。项目监理机构的设计工程中，应通盘考虑决定管理度的各种因素后，实际运用中根据具体情况确定管理层次。

在项目监理机构中，决策层由总监理工程师和其助手组成；协调层和执行层由各专业监理工程师组成；操作层主要由监理员、检查员等组成。

(4) 责权一致的原则

在项目监理机构中明确划分职责、权力范围，不同的岗位职务应有不同的责权，同等的岗位职务赋予同等的权利，做到责任和权利相一致。

(5) 才职相称的原则

每项工作都应该确定为完成该工作所需要的知识和技能，根据每个人的经历、知识、能力，做到人职相称、人尽其才、才得其用、用得其所。

(6) 经济效率的原则

项目监理机构设计，应组合成最适宜的结构形式，实行最有效的内部协调，使事情办得简洁而正确，减少重复和扯皮。

(7) 弹性的原则

项目监理机构既要相对稳定，又要随内、外变化做出相应调整，使其具有一定适应性。

2.4.2 建立项目监理机构的步骤

监理单位在组建项目监理机构时，一般按以下步骤进行：

2.4.2.1 确定项目监理机构目标

建设工程监理目标是项目监理机构建立的前提，项目监理机构的建立应根据委托监理合同中确定的监理目标，制定总目标并明确划分监理机构的分解目标。

2.4.2.2 确定监理工作内容

根据监理目标委托监理合同规定的工作任务，明确划分监理工作内容，并进行分类归并及组合。监理工作的归并及组合应便于监理工作目标的控制，并综合考虑监理工程的组织管理模式、工程结构特点、合同工期要求、工程复杂程度、工程管理和技术特点；还应考虑监理单位本身组织管理水平、监理人员数量、技术业务特点等。

如果建设工程进行实施阶段全过程监理，监理工作划分可按设计阶段和施工阶段分别归并和组合，如图2-2所示。

如果建设工程只进行施工阶段监理，监理工作可按投资、进度、质量目标进行归并和组合，如图2-3所示。

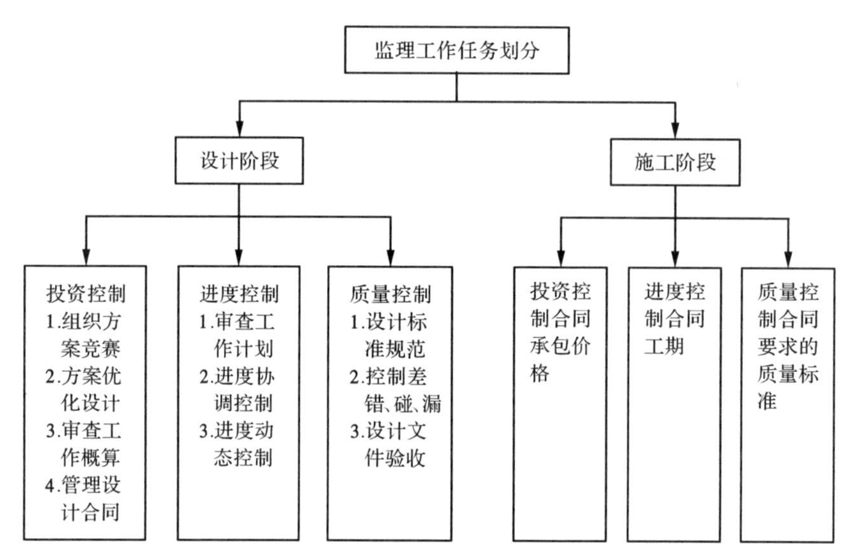

图2-2 实施阶段全过程监理工作划分

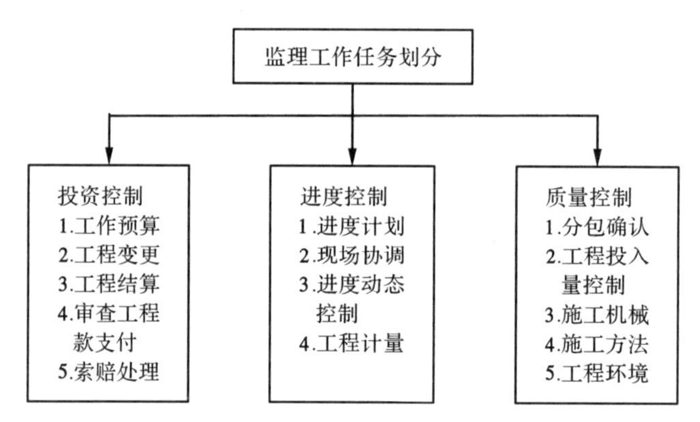

图2-3 施工阶段监理工作划分

2.4.2.3 项目监理机构组织结构设计

(1) *选择组织结构形式*

由于建设工程规模、性质、建设阶段等的不同，设计项目监理机构的组织结构时应选择适宜的组织结构形式以适应监理工作的需要。组织结构形式选择的基本原则是：有利于工程合同管理，有利于监理目标控制，有利于决策指挥，有利于信息沟通。

(2) *合理确定管理层次与管理跨度*

在项目监理机构中一般应有3个层次：

①决策层　由总监理工程师及其助手组成，主要根据建设工程委托监理合同的要求和监理活动内容进行科学化、程序化决策与管理。

②中间控制层(协调层和执行层)　由各专业监理工程师组成，具体负责监理规划的落

实，监理目标控制及合同实施的管理。

③作业层(操作层)　主要由监理员、检查员等组成，具体负责监理活动的操作实施。项目监理机构中管理跨度的确定应考虑监理人员的素质、管理活动的复杂性和相似性、监理业务的标准化程度、各项规章制度的建立健全情况、建设工程的集中或分散情况等，按监理工作实际需要确定。

(3)项目监理机构部门划分

项目监理机构中合理划分各职能部门，应根据监理机构目标、监理机构可利用的人力资源和物质资源以及合同结构情况，将投资控制、质量控制、进度控制、合同管理、组织协调等监理工作内容按不同的职能活动形成相应的管理部门。

(4)制定岗位职责及考核标准

岗位职务及职责的确定，要有明确的目的性，不可因人设事。根据责权一致的原则，应进行适当的授权，以承担相应的责任；并应确定考核标准，对监理人员工作进行定期考核，包括考核内容、考核标准及考核时间。

(5)选派监理人员

根据监理工作的任务，选择适当的监理人员，包括总监理工程师、专业监理工程师和监理员，必要时可配备监理工程师代表。监理人员的选择除应考虑个人素质外，还应考虑人员总体构成的合理性与协调性。

2.4.2.4　制定监理工作流程和信息流程

为使监理工作科学、有序进行，应按监理工作的客观规律制定监理工作流程和信息流程，规范化地开展监理工作，如图2-4所示。

2.4.3　项目监理机构的组织形式

项目监理机构的组织形式是指项目监理机构具体采用的管理组织结构，应根据建设工程的特点、建设工程组织管理模式、业主委托的监理任务以及监理单位自身情况确定。在进行建设工程监理工作中，常用的项目监理机构的组织形式有以下几种：

(1) 直线制监理组织形式

直线制监理组织是最简单的一种监理组织，其特点是组织中的各种职位按垂直系统直线排列的，它适用于监理项目能划分为若干个相对独立子项的大、中型建设项目(图2-5)。总监理工程师负责整个项目的规划、组织和指导，并着重整个项目范围内各方面的协调工作，具体领导现场专业或专项监理组的工作。

如果建设单位委托监理单位对园林工程实施全过程监理，监理组织形式还可按园林工程不同的建设阶段分解设立直线制监理组织形式(图2-6)。

对于小型园林工程，监理单位可以采用直线制监理组织形式，如图2-7所示。

直线制监理组织形式的主要优点是机构简单、权力集中、命令统一、职责分明、决策迅速、隶属关系明确。缺点是实行没有智能机构的“个人管理”，这就要求总监理工程师通晓各种业务，通晓多种知识技能，成为“全能”式人物。

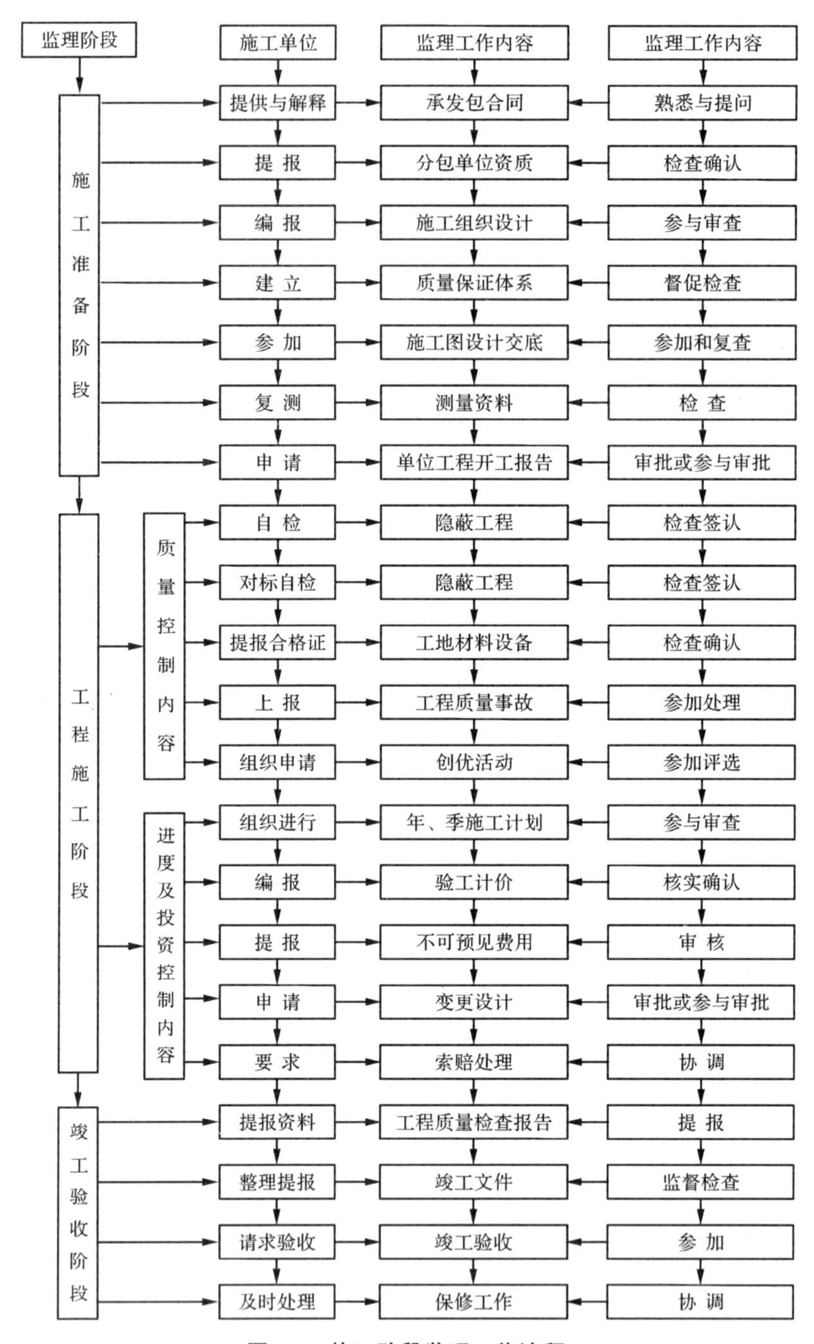

图 2-4 施工阶段监理工作流程

注：质量控制应以工程设计标准为依据，进度控制和投资控制应以甲方招标的经济标和技术指标为依据。

(2) 职能制监理组织形式

职能制的监理组织形式，是在总监理工程师下设一些职能机构，分别从职能角度对基础监理组织进行业务管理，这些职能机构可以在总监理工程师授权的范围内，就其主管的业务范围，向下下达命令和指示。此种形式适用于园林工程项目在地理位置上相对集中的

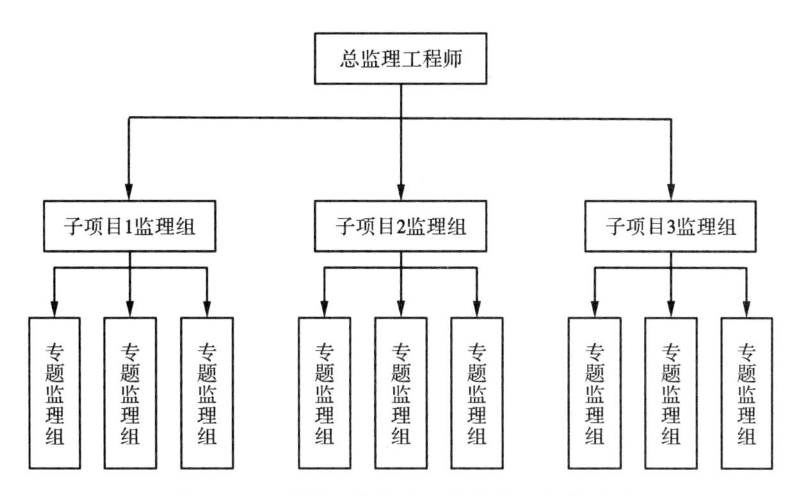

图 2-5　按子项目分解的直线制监理组织形式

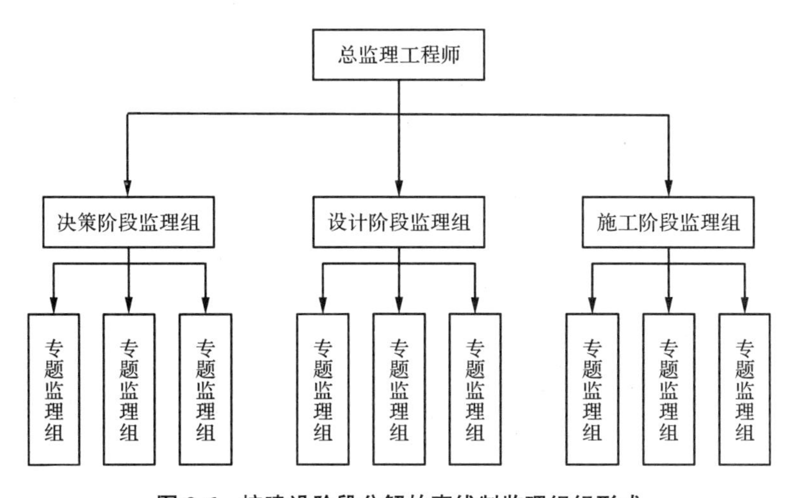

图 2-6　按建设阶段分解的直线制监理组织形式

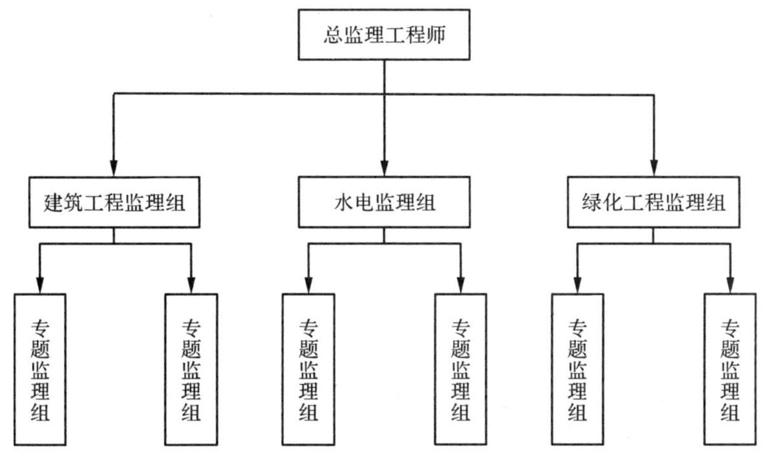

图 2-7　按职能分工的直线制监理组织形式

工程，如图2-8所示。

职能制监理组织形式的主要优点是目标控制分工明确，能够发挥职能机构的专业管理作用，专家参加管理，能够提高管理效率，减轻总监理工程师负担。其缺点是多头领导，易造成职责不清。

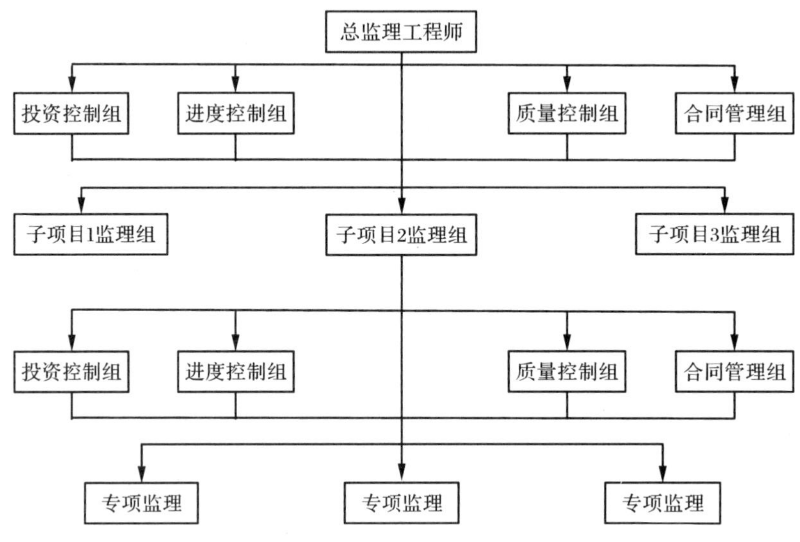

图2-8　职能制监理组织形式

(3) 直线职能制监理组织形式

直线职能制监理组织形式是吸引了直线制监理组织形式和职能制监理组织形式的优点而构成的一种组织形式，如图2-9所示。

直线职能制监理组织形式主要优点是集中领导、职责清楚，有利于提高工作效率。缺点是职能部门易与指挥部门产生矛盾，信息传递路线长，不利于在监理工作中监理信息的沟通交流。

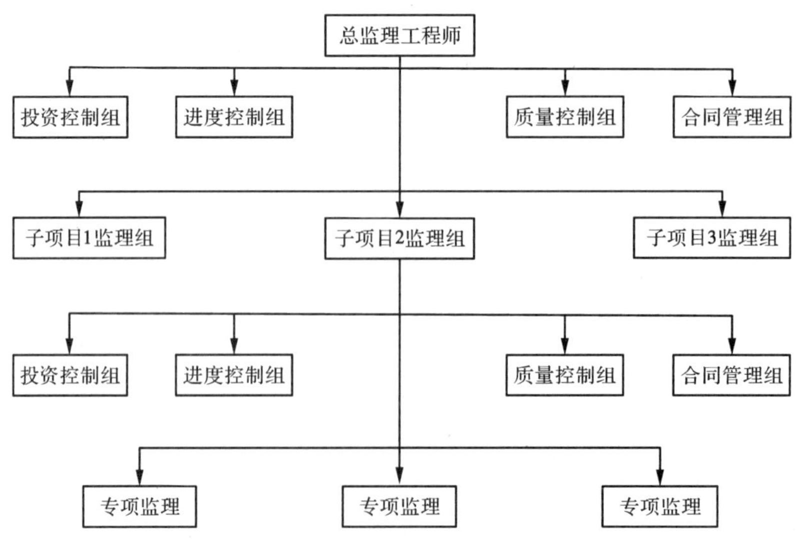

图2-9　直线职能制监理组织形式

(4) 矩阵制监理组织形式

矩阵制监理组织形式是由纵横交错两套管理系统组成的矩阵组织结构，其中一套是纵向的职能系统，另一套是横向的子项目系统，如图2-10所示。

矩阵制监理组织主要优点是加强了各职能部门的横向联系，具有较大的机动性和适应性；把上下左右集权与分权进行最优的结合；有利于解决复杂难题；有利于监理人员业务能力的培养。其缺点是纵横向协调工作能量大，处理不当会造成扯皮现象，产生矛盾。

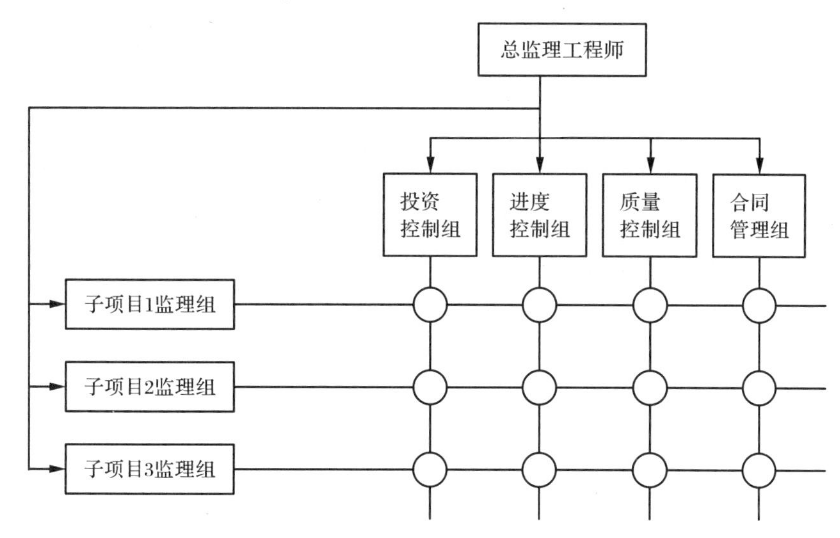

图2-10 矩阵制监理组织形式

2.4.4 项目监理机构的人员配备及职责分工

2.4.4.1 监理组织的人员配备

监理组织的人员配备要根据园林工程的特点、监理任务及合理的监理深度与密度，优化组合，形成高素质的整体监理组织。

(1) 项目监理组织的人员结构

项目监理组织要有合理的人员结构才能适应监理工作的要求。合理的人员结构包括以下两个方面的内容：

①合理的专业结构　即项目监理机构由相适应的各专业人员组成，也就是各专业人员要配套。

②合理的技术职务、职称结构　为了提高管理效率和经济性，项目监理机构的监理人员应根据园林工程的特点和园林工程监理工作的需要确定其技术职务、职称结构。合理的技术职称结构表现在高级职称、中级职称和初级职称有与监理工作要求相称的比例。一般说来，决策阶段、设计阶段的监理，具有高级职称和中级职称的人员占整个构成中的绝大多数。施工阶段的监理，可有较多的初级职称监理人员从事实际操作，如旁站、填记日志、现场检查、计算等。施工阶段监理项目、监理机构与监理人员要求的技术职称结构如表2-3所列。

表 2-3 施工阶段监理项目、监理机构与监理人员要求的技术职称结构

层 次	人 员	职 能	职称要求
决策层	总监理工程师、总监理工程师、专业监理工程师	项目监理策划、规划；组织协调、控制、评价等	高级职称
执行层/协调层	专业监理工程师	项目监理实施的具体、指挥控制/协调	中级职称
作业层/操作层	监理员	具体业务的执行	初级职称

(2) 项目监理机构监理人员数量的确定

①影响项目监理机构监理人员数量的主要因素

第一，工程建设强度。工程建设强度是指单位时间内投入的工程建设资金的数量，它是衡量一项工程紧张程度的标准。

工程建设强度=投资/工期

其中，投资是指由监理所承担的部分工程的建设投资，工期也是指此部分工程的工期。一般投资费用可按工程估算、概算或合同价计算，工期根据进度总目标及其分目标计算。

显然，工程建设强度越大，投入的监理人力就越多。工程建设强度是确定监理人数的重要因素。

第二，建设工程复杂程度。根据一般工程的情况，工程复杂程度涉及以下各项因素：设计活动多少、工程地理位置、气候条件、地形条件、工程地质、施工方法、工程性质、工期要求、材料供应、工程分散程度等。

根据上述各项因素的具体情况，可将工程划分为若干等级。不同等级的工程需要配备的项目监理人员数量有所不同。一般来说工程复杂程度可按五级制划分：简单、一般、一般复杂、复杂、很复杂。工程复杂程度的定级可采用定量法进行确定(加权平均数法)：一是对构成工程复杂程度的每一因素通过专家评估，根据工程实际情况给出权重；二是计算各影响因素的加权平均数；三是根据其加权平均数值的大小确定该工程的工程复杂程度等级。例如，将工程复杂程度按10分制计评，则平均分值为1~3分、3~5分、5~7分、7~9分者依次为简单工程、一般工程、一般复杂工程、复杂工程，9分以上者为很复杂工程。

显然，简单工程需要的项目监理人员较少，而复杂工程需要的项目监理人员较多。

②监理单位的业务水平　每个监理单位的业务水平和对某类园林工程的熟悉程度不完全相同，在监理人员素质、管理水平和监理的设备手段等方面也存在差异，这些都会直接影响监理效率的高低。高水平的监理单位可以投入较少的监理人力来完成一项园林工程的监理工作，而一个经验不足或管理水平不高的监理单位则需要投入较多的监理人力。因此，各监理单位应当根据自身的实际情况制定监理人员需要量的定额。

③项目监理机构的组织结构和任务职能分工　项目监理机构的组织结构的情况关系到具体的监理人员配备，务必使项目监理机构任务职能分工的要求得到满足。必要时，还需

根据项目监理机构任务职能分工对监理人员的配备作进一步的调整。

有时监理工作需要委托专业咨询机构或专业监测、检验机构进行。这样，项目监理机构的监理人员数量可适当减少。

(3) 项目监理机构人员数量的确定方法

项目监理机构人员数量的确定可按以下步骤进行：

①确定工程建设强度　根据监理单位承担的监理工程，确定工程建设强度。

②确定工程复杂程度　按构成工程复杂程度的10个因素考虑，根据工程实际情况按10分制打分。

③确定项目监理机构人员需要量定额　根据监理工程师的工作内容和工程复杂程度等级，测定、编制项目监理机构人员需要量定额，见表2-4所列。

表2-4　监理人员需要量定额

工程复杂程度	监理工程师	监理员	行政、文秘人员
简单工程	0.20	0.75	0.10
一般工程	0.25	1.00	0.10
一般复杂工程	0.35	1.10	0.25
复杂工程	0.50	1.50	0.35
很复杂工程	>0.50	>1.50	>0.35

施工阶段项目监理机构的监理人员数量和专业配备应随工程施工进展情况做相应的调整，从而满足不同阶段监理工作的需要。

2.4.4.2　项目监理机构各类人员的基本职责

在进行园林工程建设监理过程中，监理人员的责任是根据国家的法律、法规、技术标准、设计文件、监理合同、建设工程施工合同等，对工程项目施工的全过程进行监督、管理。包括控制工程建设的投资、建设工期和工程质量；进行工程建设合同管理和信息管理；协调有关单位间的工作关系。

一名总监理工程师只宜担任一项委托监理合同的项目总监理工程师工作。当需要同时担任多项委托监理合同的项目总监理工程师工作时，须经建设单位同意，且最多不得超过3项。

(1) 总监理工程师应履行的职责

- 确定项目监理机构人员的分工和岗位职责；
- 主持编写项目监理规划、审批项目监理实施细则，并负责管理项目监理机构的日常工作；
- 审查分包单位的资质，并提出审查意见；
- 检查和监督监理人员的工作，根据工程项目的进展情况可进行监理人员调配，对不称职的监理人员应调换其工作；
- 主持监理工作会议，签发项目监理机构的文件和指令；

- 审定承包单位提交的开工报告、施工组织设计、技术方案、进度计划；
- 审核签署承包单位的申请、支付证书和竣工结算；
- 审查和处理工程变更；
- 主持或参与工程质量事故的调查；
- 调解建设单位与承包单位的合同争议、处理索赔，审批工程延期；
- 组织编写并签发监理月报、监理工作阶段报告、专题报告和项目监理工作总结；
- 审核签认分部工程和单位工程的质量检验评定资料，审查承包单位的竣工申请，组织监理人员对待验收的工程项目进行质量检查，参与工程项目的竣工验收；
- 主持整理工程项目的监理资料。

(2)总监理工程师代表应履行的职责

- 负责总监理工程师指定或交办的监理工作；
- 按总监理工程师的授权，行使总监理工程师的部分职责和权力。

总监理工程师在进行建设工程监理工作中不得将下列工作委托给总监理工程师代表：

- 主持编写项目监理规划、审批项目监理实施细则；
- 签发工程开工、复工报审表、工程暂停令、工程款支付证书、工程竣工报验单；
- 审核签认竣工结算；
- 调解建设单位与承包单位的合同争议、处理索赔、审批工程延期；
- 根据工程项目的进展情况进行监理人员的调配，调换不称职的监理人员。

(3) 专业监理工程师应履行的职责

- 负责编制本专业的监理实施细则；
- 负责本专业监理工作的具体实施；
- 组织、指导、检查和监督本专业监理员的工作，当人员需要调整时，向总监理工程师提出建议；
- 审查承包单位提交的涉及本专业的计划、方案、申请、变更，并向总监理工程师提出报告；
- 负责本专业分项工程验收及隐蔽工程验收；
- 定期向总监理工程师提交本专业监理工作实施情况报告，对重大问题及时向总监理工程师汇报和请示；
- 根据本专业监理工作实施情况做好监理日记；
- 负责本专业监理资料的收集、汇总及整理，参与编写监理月报；
- 核查进场材料、设备、构配件的原始凭证、检测报告等质量证明文件及其质量情况，根据实际情况认为有必要时对进场材料、设备、构配件进行平行检验，合格时予以签认；
- 负责本专业的工程计量工作，审核工程计量的数据和原始凭证。

(4) 监理员应履行的职责

- 在专业监理工程师的指导下开展现场监理工作；
- 检查承包单位投入工程项目的人力、材料、主要设备及其使用、运行状况，并做好检查记录；

- 复核或从施工现场直接获取工程计量的有关数据并签署原始凭证；
- 按设计图及有关标准，对承包单位的工艺过程或施工工序进行检查和记录，对加工制作及工程施工质量检查结果进行记录；
- 担任旁站工作，发现问题及时指出并向专业监理工程师报告；
- 做好监理日记及有关的监理记录。

2.5 园林工程监理模式与实施程序

2.5.1 园林工程监理模式

园林建设工程监理模式的选择与园林建设工程组织管理模式密切相关，监理模式对园林建设工程的规划、控制、协调起着重要的作用。

(1) 平行承发包模式条件下的监理模式

与园林建设工程平行承发包模式相适应的监理模式有以下两种形式：

①建设单位委托一家监理单位监理　这种监理委托模式是指建设单位只委托一家监理单位为其进行监理服务。这种模式要求被委托的监理单位应该具有较强的合同管理与组织协调能力，并能做好全面规划工作。监理单位的项目监理机构可以组建多个监理分支机构对各承建单位分别实施监理。在具体的监理过程中，项目总监理工程师应重点做好总体协调工作，加强横向联系，保证园林建设工程监理工作的有效运行，如图2-11所示。

②建设单位委托多家监理单位监理　这种监理委托模式是指建设单位只委托多家监理单位为其进行监理服务。采用这种模式，建设单位分别委托几家监理单位针对不同的承建单位实施监理。由于建设单位分别与多家监理单位签订委托监理合同，所以各监理单位之间的相互协作与配合需要建设单位进行协调。采用这种模式，监理单位对象相对单一，便

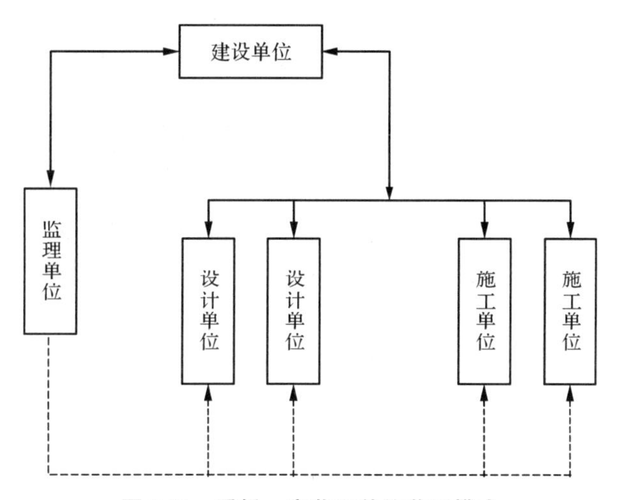

图2-11　委托一家监理单位监理模式

于管理。但园林建设工程监理工作被肢解，各监理单位各负其责，缺少一个对园林建设工程进行总体规划与协调控制的监理单位，如图 2-12 所示。

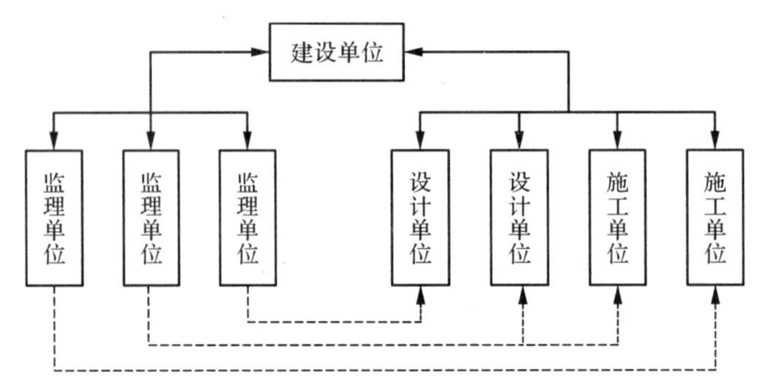

图 2-12　委托多家监理单位监理模式

(2) 设计或施工总分包模式条件下的监理模式

对设计或施工总分包模式，建设单位可以委托一家监理单位进行实施阶段全过程的监理，也可以分别按照设计阶段和施工阶段委托监理单位。前者的优点是监理单位可以对设计阶段和施工阶段的工程投资、进度、质量控制统筹考虑，合理进行总体规划协调，更可使监理工程师掌握设计思路与设计意图，有利于施工阶段的监理工作。虽然总包单位对承包合同承担乙方的最终责任，但分包单位的资质、能力直接影响着园林工程的质量、进度、投资等目标的实现，所以，监理工程师必须做好对分包单位资质的审查、确认工作(图 2-13)。

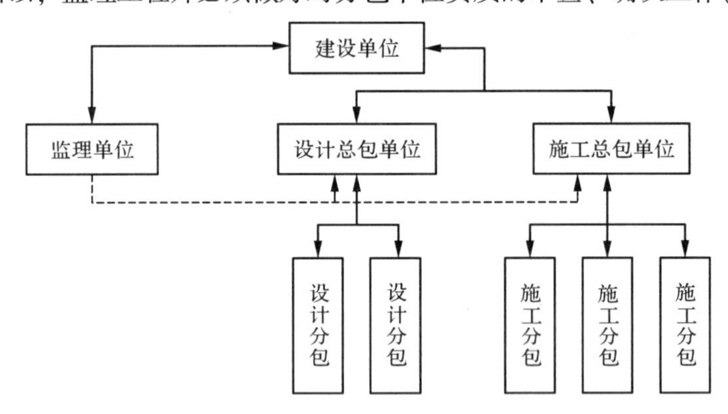

图 2-13　设计或施工总分包模式条件下的监理模式

(3) 项目总承包模式条件下的监理模式

在项目总承包模式下，一般委托一家监理单位进行监理，在这种模式下，监理工程师需具备较全面的理论知识和实践经验，才能做好合同的管理工作(图 2-14)。

(4) 项目总承包管理模式条件下的监理模式

在项目总承包管理模式下，一般委托一家监理单位进行监理，这样便于监理工程师对项目总承包管理合同和项目总承包管理单位进行分包等活动的监理(图 2-15)。

2.5.2 园林建设工程监理实施程序

园林建设工程委托监理合同签订后，监理单位应根据合同要求组织工程监理的实施。

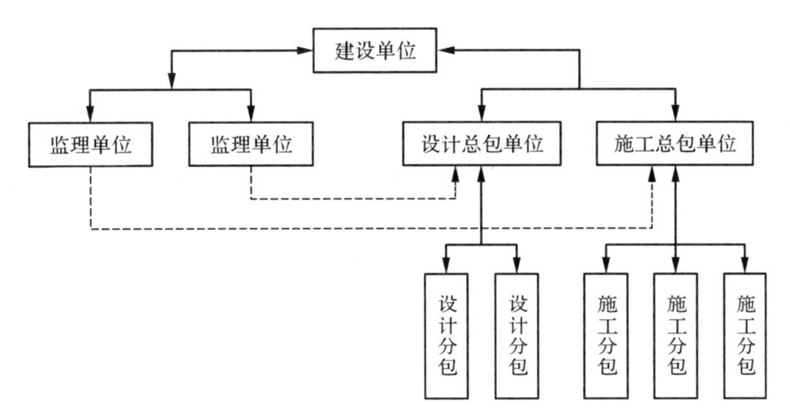

图 2-14　项目总承包模式条件下的监理模式

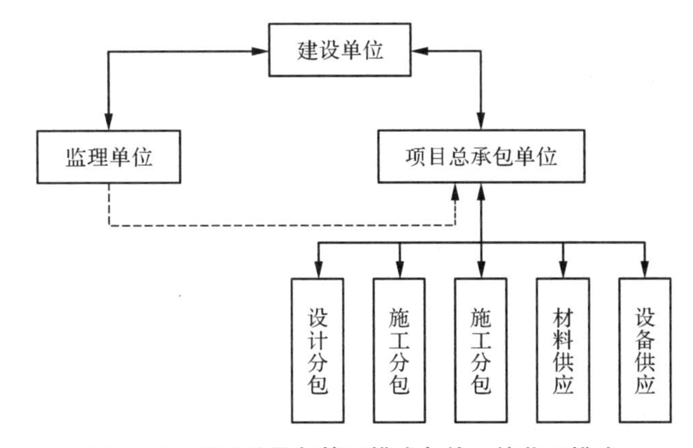

图 2-15　项目总承包管理模式条件下的监理模式

（1）确定总监理工程师，成立项目监理机构

监理单位应根据园林工程项目的规模、性质及业主对监理的要求，委派称职的监理工程师担任总监理工程师，代表监理单位全面负责该项目的监理工作。

一般情况下，监理单位在承接园林工程监理任务，参加投标、拟定监理大纲以及与业主签订委托监理合同时，即应选派称职的监理工程师主持该项目工作。在监理任务确定并签订委托监理合同后，该主持人即可作为项目总监理工程师。总监理工程师是一个园林建设工程监理工作的总负责人，他对内向监理单位负责，对外向业主负责。

监理机构的人员构成是监理投标书中的重要内容项目，是业主在评标过程中认可的，总监理工程师在组建项目监理机构时，项目监理机构的组织形式和规模，应根据委托监理合同规定的服务内容，服务期限，工程类别、规模、技术复杂程度，工程环境等因素确定。

（2）编制园林建设工程监理规划

工程建设监理规划是开展监理活动的纲领性文件。监理规划应在委托监理合同及收到设计文件后开始编制，监理规划应由总监理工程师主持，专业监理工程师参加编制，完成后必须经监理单位技术负责人审核批准，并在召开第一次工地会议前报送建设单位。

(3) 制订各专业监理实施细则

在监理规划的指导下，不仅要具体指导投资控制、进度控制、质量控制等工作的进行，还应结合园林建设工程实际情况，制订出相应的监理实施细则。监理实施细则应在该工程施工开始前，由专业监理工程师负责编制完成，并必须经总监理工程师审核批准。

监理实施细则应符合监理规划的要求，并结合工程项目的专业特点，做到详细、具体、具有可操作性。

(4) 规范化地开展监理工作

监理工作的规范化体现在：

①工作的时序性　是指建设工程监理的各项工作都应按一定的逻辑顺序展开，从而使监理工作能有效地达到目标而不至于造成工作状态的无序和混乱。

②职责分工的严密性　园林建设工程监理工作是由不同专业、不同层次的专家群体共同完成的，他们之间严密的职责分工是协调进行工作的前提和实现监理目标的重要保证。

③工作目标的确定性　在职责分工的基础上，每一项监理工作的具体目标都应是确定的，完成的时间也应有时限规定，从而能通过报表资料对监理工作及其效果进行检查和考核。

(5) 参与验收、签署园林建设工程监理意见

园林建设工程完成以后，总监理工程师应在正式验交前组织专业监理工程师依据有关法律、法规、工程建设强制性标准，设计文件及施工合同，对承包单位报送的竣工资料进行审查，并对工程质量进行竣工预验收。在预验收中对存在的问题应及时要求承包单位整改。整改完毕，由总监理工程师签署竣工报验单，并在此基础上提出工程质量评估报告。工程质量评估报告应经总监理工程师和监理单位技术负责人审核签字。

项目监理机构应参加由建设单位组织的竣工验收，并提出相关的监理资料。对验收中指出的整改问题，项目监理机构应要求承包单位进行整改。工程质量符合要求，由总监理工程师会同参加验收的各方签署竣工报告。

(6) 向业主提交园林建设工程监理档案资料

园林建设工程监理工作完成后，监理单位向业主提交的监理档案资料应在委托合同文件中约定。如在合同文件中没有明确规定，监理单位一般应提交设计变更、工程变更资料，监理指令性文件，各种签证资料等档案资料。

(7) 监理工作总结

监理工作完成后，项目监理机构应及时进行监理工作总结，监理工作总结应包括以下几个方面：

①向建设单位提交的监理工作总结　其内容主要包括：工程概况；监理组织机构、监理人员和投入的监理设施；委托监理合同的履约情况概述；施工过程中出现的问题及其处理情况；监理任务或监理目标完成情况的评价；由建设单位提供的供监理活动使用的办公房、车辆、实验设施等的清单；表明监理工作终结的说明等。

②向监理单位提交的监理工作总结　其内容主要包括：

第一，监理工作的经验，可以采用某种监理技术、方法的经验，也可以采用某种经济措施、组织措施的经验，以及委托监理合同执行方面的经验或如何处理好与业主、承包单位关系的经验等。

第二，监理工作中存在的问题及其处理情况和改进的建议，也应及时加以总结，以指导今后的监理工作，不断提高园林建设工程监理的水平。

◇案例

案例 2-1　监理实施程序及原则案例

某工厂投资建设一项生活区小游园工程。项目立项批准后，业主委托一监理公司对工程的实施阶段进行监理。双方拟订设计方案竞赛、设计招标和设计过程各阶段的监理任务时，业主方提出了初步的委托意见，内容如下：

1. 编制设计方案竞赛文件；
2. 发布设计竞赛公告；
3. 对参赛单位进行资格审查；
4. 组织对参赛设计方案的评审；
5. 决定工程设计方案；
6. 编制设计招标文件；
7. 对投标单位进行资格审查；
8. 协助业主选择设计单位；
9. 签订工程设计合同，协助起草合同；
10. 工程设计合同实施过程中的管理。

【问题】

从监理工作的性质和监理工程师的责权角度出发，监理单位在与业主进行合同委托内容磋商时，对以上内容应提出哪些修改建议？

【分析】

按照工程监理实施原则中“权责一致的原则”，监理工程师承担的职责应与业主授予的权限一致。监理单位在与业主进行合同委托内容磋商时，应向业主讲明有些内容关系到投资方的切身利益，即对工程项目有重大影响，必须由业主决策确定，监理工程师可以提出参考意见，但不能代替业主决策。

“5. 决定工程设计方案”不妥。因工程项目的方案关系到项目的功能、投资和最终效益，故设计方案应由业主最终确定，监理工程师可以通过组织专家进行综合评审，提出推荐意见，说明优缺点，由业主决定。

“9. 签订工程设计合同”不妥。工程设计合同应由业主与设计单位签订，监理工程师可以通过设计招标，协助业主择优选择设计单位，提出推荐意见，协助业主起草设计委托合同，但不能替代业主签订设计合同，设计合同的甲方——业主作为当事人一方承担合同中甲方的责、权、利，监理工程师代替不了。

案例 2-2　项目监理机构组织人员案例

某工程分为2个子项目，合同总价为：3900万元，其中子项目1合同价为2100万元，子项目2合同价为1800万元，合同工期为30个月。

【问题】

试确定项目监理机构人员的数量。

【分析】

①确定工程建设强度= 3900÷30×12＝1560(万元/年)＝15.6(百万元/年)

②按构成工程复杂程度的10个因素考虑，根据本工程实际情况分别按10分制打分见表2-5：

表 2-5　工程复杂程度等级评定表

项　次	影响因素	子项目1	子项目2
1	设计活动	5	6
2	工程位置	9	5
3	气候条件	5	5
4	地形条件	7	5
5	工程地质	4	7
6	施工方法	4	6
7	工期要求	5	5
8	工期性质	6	6
9	材料供应	4	5
10	分散程度	5	5
平均分值		5.4	5.5

案例 2-3　监理工程师任职条件及工作职责

某监理公司承担了一项园林建筑工程项目的监理工作，监理合同签订后该监理公司做了以下几方面的工作：

1. 由于公司注册监理工程师人员较少，公司技术负责人批准一名已取得监理工程师资格证书，但还未注册的人员担任项目总监理工程师。

2. 监理合同签订1个月后，监理公司将项目监理部的组织形式、人员构成及对总监的任命报送业主单位。

3. 公司技术负责人组织公司经营、技术部门人员编制该项目监理规划，并报公司总经理审批后报业主单位。

【问题】

1. 请逐项指出上述做法是否正确，如不正确，请写出正确的做法或内容。

2. 简要回答总监理工程师代表应具备的条件。

【分析】

1. 第一项不正确。

正确的是：应经监理单位法定代表人书面授权，由取得注册监理工程师注册执业证书，并且有3年以上同类工程监理工作经验的监理工程师担任项目总监理工程师。

第二项不正确。

正确的是：监理机构的组织形式、人员构成及对总监的任命应于监理合同签订后10天内报建设单位。

第三项不正确。

正确的是：监理规划应由总监理工程师主持、专业监理工程师参加编制，经监理单位技术负责人审批后报建设单位。

2. 总监理工程师代表应具备的条件：

(1)应具有2年以上同类工程监理工作经验；

(2)取得国家监理工程师执业资格证书并经注册；

(3)由总监理工程师书面授权，并经监理单位法定代表人同意。

◇实践教学

实训2-1 编制某工程项目监理组织机构及人员配备

一、实训目的

结合某实际工程，通过实训，使学生能够合理编制项目监理组织机构及人员配备。

二、实训材料

提供一份××园林工程的施工文件资料。

三、实训内容

①计算监理组织机构监理人员数量；

②编制合理的职能机构；

③进行人员配备。

四、实训方法

与某工程监理部门联系建立关系，分析实际情况，分小组进行编制监理组织机构及人员配备表。

五、实训要求与成果

每个小组独立完成一份合理的监理组织机构及人员配备名单。

◇思考题

1. 名词解释：监理工程师、监理单位、监理单位组织机构、监理模式。
2. 监理工程师如何才能取得执业资格？
3. 设立园林建设工程监理企业应具备哪些条件？
4. 园林建设工程监理企业出现违规行为时应如何处理？

5. 简述《工程监理企业资质证书》使用的有关规定。
6. 项目监理机构中的人员如何确定?
7. 项目监理机构中各类人员的基本职责是什么?
8. 建设工程监理实施程序是什么?

单元3　园林工程建设监理工作文件

◇学习目标

【知识目标】

(1) 掌握园林工程监理大纲的要求及编写内容。

(2) 掌握园林工程监理规划的编写内容。

(3) 掌握园林工程监理实施细则的编写内容。

(4) 掌握园林工程监理月报的内容。

(5) 了解园林工程会议纪要的形式和内容。

(6) 掌握园林工程监理评估报告的编写内容。

(7) 了解园林工程监理总结的内容。

【技能目标】

(1) 能够编制园林工程监理大纲。

(2) 能够编制园林工程监理规划。

(3) 能够编制园林工程监理实施细则。

(4) 能够分析处理园林工程监理月报和填写会议纪要的内容。

(5) 能够分析处理园林工程监理评估报告和填写监理总结的内容。

园林工程建设监理工作文件是指监理单位投标时编制的监理大纲、监理合同签订以后编制的监理规划和专业监理工程师编制的监理实施细则，以及工程施工时产生的监理月报、会议纪要，工程竣工后编写的评估报告和监理工作总结等。

3.1　园林工程监理大纲

3.1.1　监理大纲的概念

监理大纲又称监理规划大纲，通常也称监理方案，是监理单位为承接监理业务编写的初步方案性文件，目的是让业主认可监理单位的资质条件、监理业绩、社会信誉和监理方式，也是监理规划和监理细则编写的直接和有力的依据。

监理单位在取得监理业务、实施监理工作过程中，要根据不同阶段的要求编制出监理规划大纲、监理规划、监理实施细则3个阶段的监理文件。在工程项目监理洽谈或招投标时，监理单位已向业主提出了自己的监理大纲，由项目法人评价其承担监理任务是否可行，能否达到建设单位的投资目的。

3.1.2　监理大纲的要求

监理大纲一般由监理单位的经营或技术管理部门编制，最好应有拟定的总监理工程师参加，总监理工程师参与监理大纲的编制有利于在工程项目建设中贯彻监理大纲的精神。监理大纲在编写中应注意以下几点：

(1) 编写规范，内容全面，重点突出

监理大纲是在招标阶段编制的，编写对象是建设项目，面对的是建设单位项目负责人和评标专家。要保证在短时间内获得评标任务，监理大纲编写要求格式规范，内容全面，重点突出，先进合理。

(2) 实事求是，认真细致，先进合理

编制监理大纲要按照招标文件的要求，根据监理单位的实际情况，认真细致、实事求是地进行，编写完成后应请拟定的总监理工程师审查，避免出现错误。在编写内容上还要充分体现监理方案的科学性和先进性。

(3) 针对性强，优势明显

监理大纲是某一个特定工程项目监理工作的技术组织文件，它的具体内容应符合这个工程项目的特点，具备个性，尽量避免将一个项目的监理大纲套用到另一个项目上。同时，编写监理大纲要突出反映本单位监理人员的业务特长、经验及创新能力，着重体现监理单位的资质条件、监理业绩和社会信誉等，以本单位的优势与其他单位竞争。

3.1.3 监理大纲的编制依据

①该工程项目的批文、施工许可证、设计图纸及有关说明，报建批准手续及图纸会审记录及有关文件。

②国家有关标准、规范、规章及地方有关法规文件。如《城市绿化条例》及《城市绿化工程施工及验收规范》(CJJ/T 82—1999)、《建设工程监理规范》(GB 50319—2013)、《工程建设监理规定》、地方城市绿化管理条例、园林工程质量评定标准等。

③监理招标文件，包括业主与施工单位签订的建设工程合同书。

3.1.4 监理大纲的内容

监理大纲的内容应当根据监理招标文件的要求而定。通常情况下应包括以下内容：

①监理单位拟派往项目上的主要监理人员，并对其资格进行介绍。

②监理方案　如组织方案、三大项目目标控制方案、合同管理方案、组织协调方案等。

③监理阶段性成果　监理实践中，各行业、建设单位的具体情况不同，对监理大纲的繁简要求程度也会不同。监理大纲必须按建设单位监理招标文件的要求而有所调整。

监理单位在编制监理大纲时，最好将编写任务安排给拟派担任该项目总监理工程师的人员。当然，也可以安排其他人员编写。但应由总监理工程师最后审定，方可向建设单位呈递。

3.2 园林工程监理规划

3.2.1 监理规划的编制

(1) 监理规划的概念

监理规划是监理单位根据项目法人与监理单位签订的监理合同确定的监理内容，编制实施监理的工作计划。该规划反映了监理工作中投资控制、工期控制、质量控制、合同管理、信息管理的整个工作流程，是有序地开展监理工作的依据和基础。每个规范的园林工程建设的监理均应有规划，要结合项目的实际情况，明确监理机构的工作目标，提出具体监理规章制度、监理程序、方法和措施，规划要有较强的可实施性。

监理规划是监理单位在承接监理任务后，经详细分析资料提出的实施监理的具体设计方案，较监理大纲更加详细和具体。监理规划是业主监督监理单位履行监理合同的主要依据。因此，在编制监理规划时应本着慎重、严谨的态度，着重体现操作性和针对性。

(2) 监理规划编制的时间

监理规划编制的时间应在签订委托监理合同，收到工程设计文件后进行，于第1次工地会议前报送建设单位。

(3) 监理规划的编制人

监理规划由项目的总监理工程师主持，有关专业的监理工程师参加进行编制。

(4) 监理规划编制的依据

监理规划编制的依据主要有相关的法律法规、项目设计文件、技术资料、监理大纲、监理合同和工程建设合同等。

(5) 监理规划的审定与修改

监理规划编制完成后，应首先由监理单位技术负责人审核并签认，然后提交业主审批。当工程项目发生重大变化时，应及时调整监理规划，使工程项目处于监理规划的有效控制之内。

3.2.2 监理规划的内容

3.2.2.1 工程项目概况

项目概况是对工程项目总体特点的高度概括，只有了解工程特点，才能编制出具有对全局具有指导和控制意义的监理规划。因此，项目概况应全面概述，突出其与其他工程的不同。除写明工程名称、地点、参建单位外，还应对工程规模、功能及工程建设位置的气候、地质情况做详细介绍。其他如工程、质量目标、工程造价一些情况也应做简单说明。

表 3-1 园林工程监理项目基本情况

工程项目名称			
工程项目建设地点			
建设单位			
设计单位			
承包单位			
监理单位			
总工期			
开工日期		竣工日期	
建设规模		合同价款	
质量标准		承包方式	

(1) 建设工程基本情况

建设工程基本情况包括工程项目的名称、建设地点、规模、范围、项目建设内容和项目组成(表 3-1)。

(2) 监理工作目标

监理工作目标包括工程总投资、总工期、质量标准和要求，总投资中国家、地方出资数量等。

(3) 项目建设组织

项目建设组织包括项目法人、建设单位、设计单位、监理单位、物资材料供应单位的名称、地址、联系人、电话等，这些单位在工程建设中的相互关系、机构组织和各自职责。其中监理机构的人员主要由总监理工程师、专业监理工程师、监理员组成。

(4) 监理工作内容

①工程进度控制　为了确保项目的建设工期，监理规划要有效制订工程进度控制计划：第一，必须准确掌握工程完成情况；第二，必须有效控制工程完成比例与所用时间比例的关系，使两者协调一致。

②工程投资控制　主要涉及工程变更管理、索赔管理和竣工验收阶段的造价控制。

③工程质量控制　根据施工过程的不同性质，可将质量控制划为 4 个主要阶段：施工准备阶段监理、施工阶段监理、竣工验收阶段监理和工程保修期监理。

④安全文明施工控制　要始终将“文明生产、安全第一”的意识落实到监理工作中。监理单位应监督检查施工单位建立安全文明施工管理制度，包括制定安全文明施工方案、安全用电方案、防火、防盗方案等，严格执行安全文明生产的各项规定及要求。

⑤合同管理　监理工程师应针对工程不同阶段的特点把握关键管理程序和管理原则，严格按合同约定进行管理，以实现合同目标。

⑥信息管理　监理过程中要对各种资料进行有效记录、整理和保存。

3.2.2.2 监理工作依据

①该工程项目的批文、施工许可证、设计图纸及有关说明，报建批准手续，以及图纸会审记录及有关文件；

②国家有关标准、规范、规章等，以及省、自治区、直辖市有关法规文件；

③工程施工合同材料设备购贷合同和监理合同及其他有关文件；

④经批准的监理规划和监理实施细则。

3.2.2.3 监理工作方法及措施

(1) 质量控制

在工程项目划分的基础上，提出各项工程的质量控制目标，提出总体工程、单位工程、分部工程、单元工程的质量控制指标体系及目标，还应有分阶段的质量控制目标，具体可分为质量事前控制和质量事中控制。

质量控制依据要明确阐述执行的国家和行业标准、规程、规范的名称和条款。提出质量控制的组织措施、技术措施和合同措施。对质量控制过程和目标的风险性进行分析，按最可能出现的问题和情况进行分析，提出最需要防范的工程、部位、施工方法和工序。明确制订控制不同类型的技术措施方法，如监理方式、检测方法、抽样检验比例等，制订质量管理的统计表格式样。

(2) 进度控制

对总进度计划进行分析，提出分年度、分季度、分月的进度目标，以及各项措施的进度控制目标。明确进度控制中的关键工程、实施的有利时机。针对可能出现的对工程进度构成影响的因素，提出防范预案，以及调整进度的方法和措施。制订进度统计和控制的表格式样，及时调查了解工程实施进度，适时提出调整方案。

(3) 投资控制

可以按施工时间、实施项目进行分解，通常分为投资事前控制、施工中的投资控制和投资事后控制。明确控制投资的各个环节、流程，投资计量、支付所用表格的式样和填报要求，投资控制可能会出现的影响因素，应对措施。

(4) 合同管理

参加合同草案的拟订，协助业主做好有关合同的洽谈并跟踪合同的执行情况。主要涉及管理工程建设的各类合同，监督合同执行的有关措施，合同纠纷、索赔的处理、仲裁，合同执行过程和情况的调查、分析，影响合同执行可能会出现的情况等。

(5) 信息管理

做好对各种信息的收集、整理、保存工作，及时正确地对信息进行分析、处理，建立会议制度，做好会议记录，并督促施工单位做好各项资料的整理工作。

施工阶段监理资料和信息主要包括：施工合同及监理合同；设计文件及图纸会审纪要；监理规划及实施细则；施工组织设计报审表；工程开工、复工报审表及工程暂停令；工程进度计划；工程材料、构配件设备的质量证明文件；工程变更资料；工程计量单和工程款支付证书；会议纪要；监理日记及监理月报；质量缺陷与事故的处理意见；分部工程、单位工程等验收资料；竣工结算审核意见书；工程项目质量评估报表；监理工程总结。

3.2.2.4 监理工作制度

园林工程项目监理应结合工程具体情况制定内部工作制度，通常涉及以下方面内容：

- 设计文件、图纸审查制度；
- 工程技术交底制度；
- 施工组织设计审核制度；
- 开工报告审批制度；
- 工程材料、半成品、成品的质量检验制度；
- 隐蔽工程分部或分项工程质量验收制度；
- 分部工程质量验收制度；
- 设计变更处理制度；
- 施工现场质量、安全事故处理制度；
- 工程进度监督制度；
- 工程投资监督制度；
- 工程竣工验收制度；
- 例会及会议纪要签发制度；
- 工程索赔签审制度；
- 监理月报制度；
- 监理项目部内部制度。

3.2.3 监理规划的补充与完善

监理工作实施过程中，如实际情况或条件发生重大变化而需要调整监理规划，应由总监理工程师组织专业监理工程师研究修改，按原报审程序经监理单位技术主管部门批准后报建设单位审批。

(1) 监理规划补充与完善的作用

监理规划补充与完善的最基本作用是使监理规划始终正确指导项目监理实施细则，以有效管理施工单位，为业主提供优质服务，最终圆满完成监理合同。

(2) 监理规划补充与完善的内容

通常包括监理合同内容增加，施工组织设计变更，现场施工条件改变，项目设计变更，建设单位项目经理部主要人员变更，项目监理部主要管理人员变更，进度计划调整等。

(3) 监理规划补充与完善的程序

监理规划补充与完善的程序如图 3-1 所示。

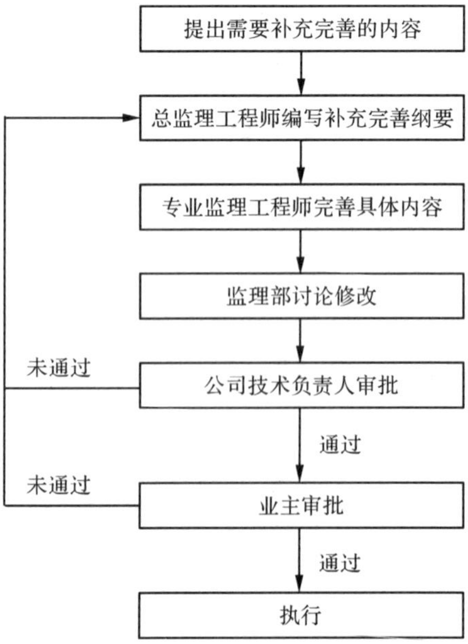

提出需要补充完善的内容
总监理工程师编写补充完善纲要
专业监理工程师完善具体内容
监理部讨论修改
公司技术负责人审批
未通过
通过
业主审批
未通过
通过
执行

图 3-1 监理规划补充与完善的程序

3.3 园林工程监理实施细则

3.3.1 监理实施细则的作用

(1) 对建设单位的作用

监理实施细则可使建设单位从侧面了解监理单位的业务水平和工作经验，尽量消除对监理单位的不信任及对监理过程的干涉。根据细则的内容，建设单位应全面支持监理单位的各项工作，确保项目的顺利开展，达到预期的控制目标。

(2) 对监理单位的作用

①监理实施细则是指导监理人员开展工作的重要文件。由于监理人员现场工作繁杂，工期有限，监理实施细则可起到备忘的作用。

②通过编写监理实施细则，可以提高监理人员对工程的认识程度，起到熟悉设计文件的作用。

(3) 对施工单位的作用

①联系作用　监理实施细则中质量控制点的设置，可使施工单位在相应的质量控制点到来前通知监理人员，从而避免由此引发的纠纷。

②提醒与警示作用　施工单位通过阅读监理实施细则，提高对工程重点、难点的重视程度，使之在意识上、行动上采取相应的措施，以确保工程的施工质量。

3.3.2 监理实施细则的编制

3.3.2.1 监理实施细则的内容

(1) 工程概况

工程概况主要介绍工程项目的名称、位置、规模、工程量、自然条件及项目的主要特点。

(2) 编制依据

应列出项目的国家现行的行业标准、规范及法规，地方规定的文件，监理合同及监理规划等。

(3) 监理人员安排

监理实施细则应对监理人员进行明确分工，并对责任、权力进行明确规定，确定人员之间互相协作的方式、方法。一般来说，总监理工程师应对工程负总责，并负责合同管理、进度款拨付等。监理工程师主要负责工程的验收及质量控制。

(4) 开工许可证申请程序

在施工前21~28天，施工单位提出施工计划。施工单位的报送材料与审签意见一并报监理部，监理部在规定时间内签署意见，发布开工许可证。

(5) 施工过程控制

施工过程控制包括工序的报验程序，施工原始资料的记录、填写，可能出现问题的预防、处置、监督，施工资料的整理及报送等。

(6) 施工质量控制

施工质量控制包括施工工序要求、施工精度、质量检验指标、材料检验及质量问题处理等。

(7) 工程竣工验收

提出分部或分项工程验收时，需要施工单位提供的有关技术和档案资料等。

(8) 工程计量与支付

明确工程计量的条件、方法及价款结算。

(9) 保养阶段的控制

监理单位依据合同约定的工程质量保养期，对建设单位提出的工程质量缺陷进行检查和记录，对整改的项目进行验收。

3.3.2.2 季节性及夜间施工监理措施

(1) 雨季施工监理

雨季施工主要解决排水及刮风问题，对于大中型工程的施工现场，必须做好临时排水系统和防风措施的总体规划。其施工原则是上游截水，下游散水，坑底抽水，地面排水。

(2) 冬季施工监理

冬季施工所采取的技术措施是以气温为依据的。国家及各地区对分项工程冬季施工的起止日期都作了明确规定，应严格遵守。其施工的原则是：一是确保工程质量；二是经济合理，使增加的冬季施工措施费用最少；三是所需要的热源及技术措施材料有可靠的来源，并尽量节约能源；四是工期能满足规定要求；五是保证冬季施工作业人员的安全。

(3) 夜间施工监理

夜间由于能见度低，工人处于疲劳状态，工程质量、安全、进度都不易保证，因此进行夜间施工时，要特别注意对工程质量的控制和加强对安全的管理。其施工的原则是：①确保足够的照明设施；②严禁高空危险作业；③尽量不要进行隐蔽部位的施工；④施工用水、用电不准乱拉，以免出现意外事故；⑤尽量减少施工噪音和缩短夜间施工的时间，避免扰民休息。

3.3.2.3 监理工作程序

①确定项目总监理工程师，成立监理项目部；

②收集与工程项目有关的资料作为监理工作的依据；

③熟悉设计图纸、设计说明书及国家和地方的有关强制性标准；

④根据制定的监理规划、监理实施细则，有序、规范地开展工作；

⑤参与工程竣工预验收，提出问题并督促施工单位进行整改，签署工程竣工验收报告；

⑥向建设单位提交工程建设监理档案资料和监理工作报告。

3.3.3 监理实施细则的专业划分

3.3.3.1 园林景观工程监理实施细则

①园林建筑工程，主要包括传统古建筑和现代园林建筑；

②园林小品工程，主要包括雕塑、假山、景墙、景柱等；

③水池及驳岸工程；

④园路、园桥及铺地工程；

⑤园林设施工程，主要包括园凳、园桌、园椅、园灯、指示牌、垃圾箱、音响等。

3.3.3.2 园林绿化工程监理实施细则

（1）园林植物种植前控制要点

①施工前监理单位应到现场核对设计图的平面和标高，如图纸与实际不符，监理单位应及时向建设单位报告。建设单位请设计单位作变更设计。

②调整或清除原绿地中的植物，必要时经建设单位同意，方可移出绿地中的植物。

③施工放样定位时发现树穴中地下管线或上方架空线时，施工必须按规范避让，另选点位，同时填报变更单，经监理认可，并报建设单位批准后，方可实施下道工序。

④建设单位应向监理单位提供种植设计图纸及设计说明书、施工图预算和上级批文等资料。

⑤监理单位要督促施工企业对种植地的环境、土质、地下水位、地下管道、建筑、树木、架空线及相邻空间等因素做详细调查并制定保障成活的技术措施。

⑥监理单位督促施工单位制订用水、用电、交通组织计划。

⑦监理单位督促施工单位做好土方平衡计划，分别落实进出土方和建设弃土的来源和去向，并根据园林小品、绿化工程的进度编制施工计划和应急计划。

（2）园林植物施工阶段控制要点

①种植土质量控制；

②一般树木种植工程质量控制；

③大树或特大树种植工程质量控制；

④地被植物(含草坪植物、花卉、矮生灌木)种植工程质量控制。

(3)园林绿化工程保养阶段监理实施细则

重点是园林植物的后期养护，可按季节进行划分，较详细说明灌溉、施肥、病虫害防治、修剪、中耕、除草等关键保养技术的监理工作。

3.4 园林工程监理月报与监理日志

3.4.1 监理月报

监理月报就是项目监理每月的总结报告，它是项目监理外在形象和内在管理的一种反映，监理公司应自上而下提高对监理月报的重视程度。监理月报应着重反映本月工程的进度、质量、计量支付、合同管理等内容，重点指出工程建设过程中存在的问题，突出项目监理采取的措施和效果。

监理月报应尽量做到内容详细，重点突出，版面美观。其中封面包括工程名称、文件名称、审批人、单位名称、日期等内容，一般用标准 A4 纸制作。监理月报应抄送施工单位 1 份，使施工单位能从项目监理的角度全面、详细地了解工程进度和质量方面的不足，以便及时、有效地采取办法进行改正。

按规定，监理单位和监理工程师应按月向建设单位(或业主)报告工程建设和监理的情况，主要内容有：

(1) 本月工程形象进度

本月工程形象进度是指通过文字或图表的形式把施工计划与实际进展情况进行比较，以了解总计划的完成情况。包括本月实际完成情况与计划进度比较，对进度完成情况及采取措施的效果分析。通常采用下列柱状图表示工程的月进度情况(图 3-2)。

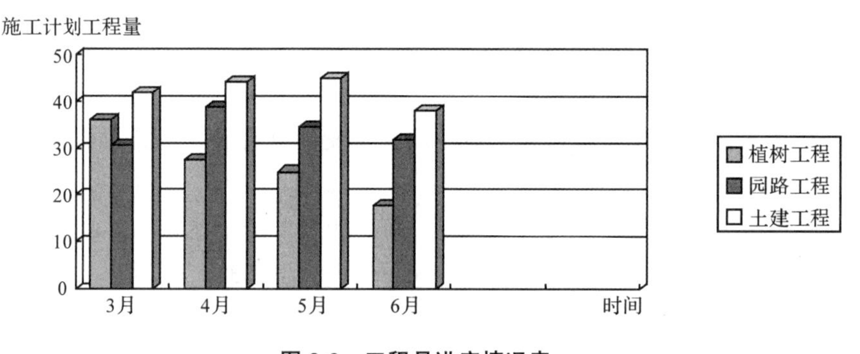

图 3-2　工程月进度情况表

(2) 工程质量

本月工程质量情况，质量评审结果，质量事故处理，对工程质量控制措施的效果分析。

(3) 资金到位和使用情况

工程建设资金到位数量、时间，工程监理审核情况，工程款审批情况及月支付情况，工程款支付分析及对投资控制措施的效果分析。

(4) 施工人员及设备情况

本月投入施工的劳动力、机械、设备情况，施工组织、管理成效及存在问题。

(5) 监理工作

本月主要监理图纸审查、发放、技术方案审查和解决的其他问题。

(6) 文函会议

本月召开的现场会议，来往文件、信函，会议记录和纪要。

(7) 合同管理

本月工程变更，工期加长，费用索赔等。

3.4.2 监理日志

监理日志是实施监理活动的原始记录，是分析质量问题的重要依据，是编制监理月报的基本组成部分。在施工过程中，监理工程师要了解和掌握工程进度、质量、投资、合同等方面的大量信息，其中一个重要工作是对施工过程的各种情况如实地进行记录，做好监理日志。日志的主要内容有两个方面，一是当天工程现场各种具体情况的记录和描述；二是当天监理工程师对施工中有关问题的描述和处理。

由于园林工程点多面广，同时开工建设的项目和内容很多，一个监理工程师不可能同时深入每一个施工现场进行监理，因此需要在每个施工点邀请一名兼职监理记录员，对当天的施工情况进行如实记录，并将此信息报告给监理工程师，使其掌握施工区的全面情况。当天的情况要当天记录，监理组长要认真对监理记录进行审核，并签署意见，对现场误记、漏记的要予以补充和纠正。

(1) 现场情况记录

①当天的施工内容　当天施工的是哪个单项工程的哪个部分，施工内容是什么，施工材料是什么，用何种方法进行的检验等，在监理日志中都要做详细记录。

②当天投入的劳动力　园林建设工程投入的劳动力多，要记录哪个施工单位、哪个施工队投入了多少劳动力，其中技术工人有多少、普通民工有多少、管理人员有多少等。在投入的人工中，具体在干什么，如植树造林、整地、种草的人工各有多少等。

③当天投入的机械设备　包括投入机械设备的名称、数量、作业量、机械检修情况等。

④当天完成的工程量　当天完成各项技术措施的工程量有多少，与计划进度相比，是基本完成、超额完成，还是没有完成计划任务。没有完成计划任务的原因是什么，是自然天气影响还是人为因素，是计划调整还是做了准备工作等。

⑤当天发生的质量问题　如整地质量是否达到设计要求，施肥是否符合规定标准等。

⑥当天的天气情况　当天气温变化对混凝土工程的质量有重要影响，如在冬季低温下施工必须采取相应措施，在炎热的夏季施工也要采取控制温度的措施。干旱情况对造林、种草工程的成活、生长有直接影响。

⑦检验试验　施工中用到的苗木在种植时要进行质量检验，检查其是否达到设计的苗木规格，符合要求的才能用于工程。

⑧复验资料　在施工现场，施工单位也要进行材料、工程的自检，对其自检结果监理工程师要进行复验，这些检验资料是验收和评定工程质量的原始依据。

⑨有关领导指示　指项目业主、监理部有关领导对工程施工的指示、意见等。

(2) 施工有关问题

①监理工作中的问题　施工过程中，当天发现的质量问题、施工进度问题、投资控制问题、合同执行问题、有关发生索赔等都要做记录。

②有关问题的处理情况　根据当天施工中出现的各种问题，特别是施工作业中的问题，建设单位、设计单位、监理单位、施工单位是如何研究、如何处理的，都要做详细记录。

③有关会议情况　监理过程中经常召开各种会议，施工过程中出现的问题，有关会议的内容、参加单位和人员，议定的事项等都要做记录。

④监理人员交接情况　当现场的监理人员进行工作交接时，应提出接班监理人员需注意的事项和问题，以便做好连续监理工作。

(3) 监理大事记录

监理大事记录是对监理工作开展情况、施工过程、建设和监理过程的全面、适时的记录。一般分为监理部的行政事务大事、技术业务大事、各级监理机构大事的记录等。监理大事一般由监理部办公室、监理处指定专人按规定格式和要求进行记录，主管领导每周，最迟每月审核一次，并签署意见。对漏记、误记的要予以补充和纠正。监理大事要定期整理汇编，供有关单位和领导参阅。

监理大事记录的主要内容有：事件发生的日期和时间，当日的天气情况，监理单位的重要事项，监理机构确定的重大事项和发布的重要文件，施工过程中对施工单位发布的重要指令违约事件及其处理情况，建设合同的履行、变更和索赔事件，项目法人、监理单位等有关领导对监理工作的重要指示和意见，监理工作中的重要会议、决定等。

(4) 记录管理

对监理日志、监理大事记录等都要做好管理，防止丢失。

①监理记录要统一编号、编页，不得出现缺页、撕页、重抄、重写等情况。

②记录要及时、认真填写，保证记录事项和数据的真实性和可靠性。

③监理记录要经常性地进行现场检查、抽查、指导和监督，并定期汇编整理。

④监理记录的复制、检索、存档等，按监理规定办理，不得私自处理。

3.5 会议纪要

会议纪要是记载和传达会议精神、议定事项使用的一种行政文件，是本单位、本地区、本系统开展工作的依据。会议纪要是根据会议情况、会议记录和各种会议材料，经过综合整理而形成具有纪实性、概括性和条理性的文件。

3.5.1 会议纪要的形式

会议纪要可以以纯文字的形式出现，也可以表格加文字的形式表现(参看第9章会议纪要格式表)，工程表3-2是会议签到表。

表3-2　会议签到表

会议类别：　　　　　　　　　　　　　　　　　　　　　　年　月　日

姓　名	单　位	职称/职务	联系电话	签　名

××市×××建设监理有限责任公司

3.5.2 会议纪要的内容

①检查上次例会议定事项的落实情况，分析未完事项的原因；

②检查分析工程项目进度计划完成情况，提出下一阶段进度目标及其落实措施；

③检查分析工程项目质量状况，针对存在的质量问题提出改进措施；

④检查工程量核定及工程款支付情况；

⑤解决需要协调的有关事项；

⑥专题会议。

3.5.3 会议纪要的作用

①提高对工地会议重要性的认识，充分体现会议对工程进度、质量、投资的影响力；

②提高项目监理及监理工程师的技术、管理水平，与业主建立互相信任关系，使业主支持项目监理的工作，树立项目监理的权威性。

监理人员会前应了解掌握情况，做到心中有数。为了开好工地会议，总监理工程师和各专业监理工程师应当十分熟悉工程建设要求，全面掌握工程各方面的情况。

3.6 监理评估报告

监理评估报告全称是竣工预验收质量评估报告，是单位工程、分部工程及分项工程完成后，在施工单位自检合格的基础上，监理工程师根据日常验收、巡视、旁站掌握的资料，结合对工程初验的意见，编写的工程质量评定报告。它是监理工程师对工程质量进行的客观、公正、真实的评价，是重要的监理文件，也是政府监督部门检验工程质量的基础性文件。工程施工结束后，监理单位应向项目法人提交监理评估报告。

竣工预验收质量评估报告包括以下主要内容：

3.6.1 工程情况说明

(1) 引言

应该用概括、简练的语言对待评估工程作事务性介绍，例如：我单位受×××公司(业主)委托，对×××园林工程实施施工阶段监理。该单位工程于××××年××月××日开工，通过业主、设计、施工单位、监理单位的共同努力，于××××年××月××日达到验收条件，经×××公司(施工单位)申请，我项目监理部对该工程进行了竣工验收。

(2) 工程概况

对该工程所在的地理位置、特点、参建单位、园林景观内容及功能等进行简要说明。

(3) 评估依据

质量评估报告必须明确评估依据，内容必须符合国家有关的法律、法规，列出本工程涉及的施工规范、质量验收规范、评定标准、施工合同、设计图纸、交底、变更等。编写时应根据工程实际情况列出本工程使用的依据，与工程无关的文件不要使用。

3.6.2 竣工预验收经过

针对项目成立专门的竣工预验收小组。

①竣工预验收组对该项目施工完成情况、施工技术资料、质量保证资料进行检查；

②设计单位对该项目的技术变更内容进行研究和检查，认为符合设计变更要求，该项目的实施体现了景观要求，达到了预期目的；

③施工单位介绍该项目的施工情况；

④监理单位介绍该项目的监理情况；

⑤竣工预验收组审阅施工单位、监理单位的工程档案资料和施工管理资料；

⑥竣工预验收组实地查验工程质量，对单位工程观感质量进行检查与评定；

⑦经现场检查提出遗留问题的整改意见；

⑧完成园林工程量汇总。

3.6.3 竣工预验收监理结论

①各分项工程质量评定情况；

②质量保证资料基本齐全；

③单位工程观感质量评定，分为应得分、实得分和得分率3项进行具体评定；

④本工程项目总体评价达到优良等级，建议建设单位予以竣工验收。

3.7 监理工作总结

监理工程总结是项目监理工作成效的外在表现，是外界全面了解项目监理的重要途径，一般由监理单位在工程管理最后环节编写。项目总监理工程师带领项目监理部全体人员，对项目监理的管理效果、工作成绩进行全面、认真总结。一般情况下，监理比业主更了解工程建设情况，由项目监理编写的监理工作总结可使业主从中获得更多关于工程的信息。

监理工程总结应该包括以下主要内容：

(1) 工程概况

①工程所在的位置和占地面积　要以简明的语言准确表述工程具体位置和占地面积。

②工程特征　简要说明工程的名称、规模和功能。

③地质、气候特点　以地质勘察报告为依据，对工程所在地区及所在位置的地质情况、特点做介绍性说明，对可能影响工程施工、增大施工难度的地质条件作重点说明。气候特点要以当地气象部门的统计资料为准，主要说明当地降水、风力、风向、温度、冻土深度等情况。

④投资组成　对工程建设投资组成、投资性质、投资数额或比例进行必要阐述。

⑤工期　监理工作总结中必须说明工程计划建设期，内容包括开、竣工时间，工期是否由于某种原因延长。

⑥参建单位　包括建设单位、设计单位、勘察单位、施工单位、监理单位和政府监督部门等。

（2）监理组织机构

①监理机构组成和分工职责　监理机构一般由总监理工程师1名，监理工程师若干名，监理人员若干名组成。其中总监理工程师具体负责合同管理、工程量审核及进度款拨付；监理工程师根据自己的工种性质分类负责，如绿化工程师主要负责植树工程的验收、质量控制及信息管理；监理人员主要负责现场监督工作。

②投入的监理设施　包括检测设备、办公设备、交通工具等。监理单位要根据合同及工程具体情况配备监理设施，尽量提高设备的使用效率。

（3）监理合同履行情况

要明确监理合同的主要内容，如监理工作范围、依据和工程施工工期等。合同履行情况的内容与顺序应与合同主要内容一一对应，主要从“三控”“三管”“一协调”的实施情况、实施效果进行论述。例如，通过全体监理工作人员5个月的认真、努力工作，工程质量、进度符合合同的要求，使工程以较低的成本、较高的质量投入运行。本工程建设过程中未发生一起重大安全事故，成功申报了省级安全文明工地和省级优质工程，取得了良好的社会、经济效益。

（4）监理工作成效

监理工作成效是项目监理对工程建设全方面管理的效果，包括文件管理、质量管理、计划管理、投资管理、安全管理、合同管理、项目验收与审计情况等内容。要针对工程建设的实际情况，如实地反映、总结以上各种管理成效，有效地说明监理工作给园林工程建设带来的效益与作用。

（5）施工过程中出现的问题及其处理情况和建议

施工单位在施工过程中会出现很多问题，这些问题可能会影响到工程建设的质量，也可能影响到工程的建设成本。因此，监理工作总结应对工程中出现的质量及管理问题进行统计，重点说明项目监理的措施和建议对工程质量、成本、进度的影响。

（6）有关工程照片

将一些能够反映工程特点、施工关键技术的照片放入监理工作总结中，可以增强读者对工程的印象，提高监理工作总结的感染力和吸引力。

◇案例

案例3-1　××高层精装修住宅楼监理大纲

作　　者：张××、项××

工程介绍：

一、项目概况

1. 工程建设规模：62 385m^2。

2. 工程质量目标：全面实现施工合同约定的质量目标。

3. 工程性质：高层精装修住宅楼。

4. 施工场地管理目标：达到环境清洁、安全、文明工地的目标。

二、工程特点

1. 本工程为高层住宅楼，精装修及小区市政、园林绿化配套设施齐全。监理公司要以客户的要求为己任，精心施工、精心监理，把本工程建成一个精品工程，让建设方和最终用户满意。

2. 以公司以往的监理经验，结构工程施工的精确性将对装修工程的质量、工期产生巨大的影响。而厨卫渗漏、墙体开裂、外窗密闭性等问题是引起购买者投诉之重要问题。因此，做好卫生间的防水、创造"无渗漏"住宅、无裂缝住宅是我们为本工程设定的质量目标。也从这方面为建设单位节省不必要的开支。

3. 作为住宅工程，工期拖延是购买者提出的重要违约索赔项目，对建设单位存在很大风险。因此做好合同中的进度控制，确保各阶段进度目标的实现，尤为重要。如我公司中标，我们将根据我公司在施工组织管理上的优势，合理地组织参加施工的各方做好详细的施工方案和施工进度计划，在满足结构质量要求的前提下，选择合理的施工方案，加快结构施工并在适当的时候插入精装修、设备安装工作。在与甲方共同进行周、月进度计划的控制下，确保既定的工程质量目标和竣工日期。

4. 要与参建各方一起创建安全文明施工工地，为建设单位的销售创造良好的大环境。要让客户时刻感觉到我们的产品是优质的、放心的。

5. 本工程施工期间要经过2个雨期、2个冬期施工，因此要分阶段做好冬、雨期施工方案。合理安排冬雨期施工项目。对结构施工可进行分段验收。与建设单位一道抓好装修设计，并将装修工程提前插入。在抓好结构及装修工程的过程中还要同时抓好小区市政配套工程、园林绿化工程，以期达到项目整体、同时竣工，确保客户按时入住。

6. 本工程坐落在××地区，根据该地区的水文及地质条件以及工程现场的情况，为减少工程造价，我方建议土方开挖施工在降水的基础上可以采用土钉墙护坡方案。

三、本工程委托监理范围

包括本工程的土建工程，机电工程，变配电工程，市政配套工程，室外管线工程，园林绿化工程，精、粗装修工程的施工全过程监理服务。

【分析】

该大纲体现了本企业先进的管理方法和体制，介绍了本企业整体资源优势，具备监理高档高层住宅的经验与手段。本文还介绍了公司对监理项目部的管理制度、检查制度和考核制度。同时本文对公司具备现代化办公条件也做了重点叙述，对项目管理的方法措施也做了详细说明，能作为监理规划的编制依据。

案例3-2 ××公园景观绿化工程监理规划

一、工程概况

××公园是某乡镇政府的实事工程，建成后，为当地居民提供了一个休闲、健身的场所。本工程主要包括主题广场、膜结构风帆岛、主题展览馆、老人儿童活动区、高尔夫练习场、植物景观带、滨河步行道、亲水平台、南区广场、游船码头、抛石滩、石驳岸、音乐喷泉等。

二、监理规划

(一)监理工作目标

1. 工期目标：220天。

2. 质量等级：优良。

3. 投资控制：以标书及相应变更预算为基价，预算投资为1600万元。

(二)监理工作范围与内容

实施对本工程景观绿化工程的施工及养护阶段的全过程监理。受业主委托，全权负责对施工单位的工程质量、工程进度、合同管理和安全生产进行监督，确保工程质量达到预期的优良等级。

施工阶段的监理工作内容包括“三控制”“二管理”“一协调”。

1. 施工阶段的质量控制

从控制过程来看，是从对使用材料的质量控制开始，直到完成工程质量检验的系统控制。

施工阶段的质量控制是整个项目质量控制的重点控制阶段。任务是要通过建立健全有效的质量监督工作体系来确保工程质量达到预定的标准和等级要求。

2. 施工阶段的进度控制

施工阶段的进度控制是整个项目进度控制的重点控制阶段，其任务就是通过完善以事前控制为主的进度控制工作体系来实现项目的工期或进度目标。

3. 施工阶段的投资控制

施工阶段投资控制的任务不同于控制成本，而是在形成合理的合同价款的基础上，着力控制施工阶段可能发生的新增工程费用，以及正确处理索赔事宜，以达到对工程实际值的有效控制。施工阶段的投资控制，不是控制工程的名义价(合同价)，而是控制工程的实际价。

4. 施工阶段的合同管理

施工阶段监理中的合同管理，是对工程施工有关的各类合同，从合同条件的拟定、协商、签署、执行情况的检查和分析环节进行的组织管理工作，以期通过合同体现“三大控制”的要求，同时维护双方当事人的利益。

5. 信息管理

做好对各种信息的收集、整理、保存工作，及时正确地对信息进行分析、处理，建立会议制度，做好会议记录，并督促施工单位做好各项资料的整理工作。

6. 施工阶段的组织协调

(1)项目工程施工活动与外部环境的协调。这类协调实质是体现了政府有关职能部门对工程项目建设行使政府监督的内容和为保证施工所必需的外部条件。

(2)项目工程施工活动中与各有关要素间的协调。如技术图纸、材料、设备、劳动力、资金供应等方面的协调；参与工程施工的各单位在时间上、空间上的配合协调等。

(三)监理依据

1. 工程招投标文件；

2. 建设单位与施工单位签订的施工承包合同和协议；

3. 本工程施工设计文件和其他批准文件；

4. 政府有关政策、法令、监理法规。

(四)监理单位与各方关系

1. 业主与监理单位之间是委托与被委托关系，以监理合同为制约，监理单位根据业主在监理合同授权范围内开展工作，受业主委托和全权代表，由总监理工程师负责协调各方关系。

2. 监理单位与施工单位之间是监理和被监理关系，施工单位接受监理，并按要求提供完整的技术资料，监理单位按国家评定标准及时验评分项分部工程质量等级，如不合格，要求施工单位整改或返工，直至验评合格为止。

3. 监理单位与设计单位的关系是平等和相互配合的，共同对工程质量负责，监理有责任对设计缺陷或不足提出意见和建议，业主负责与设计单位联系。

(五)监理职责

1. 总监理工程师职责

总监理工程师是监理公司派出的全面履行监理合同的全权负责人，行使监理合同授予的权限，并领导监理项目部的运作，对外向建设单位负责，对内向监理公司负责。

(1) 组织领导监理项目部人员贯彻执行有关的政策、法规、标准、规范和公司的质量体系文件，对履行委托监理合同负全面责任。

(2) 协助公司组建监理项目部，对监理项目部人员的工作进行领导、协调和监督检查。

(3) 保持与建设单位的密切联系，了解其要求和愿望。

(4) 负责将其授予各专业监理工程师的权限以书面形式及时通知被监理方。

(5) 负责编写工程项目的监理规划，并组织监理实施细则的编制和实施。

(6) 组织审查施工承包方的施工组织设计。

(7) 审核和确认承包方提出的分承包方。

(8) 负责协调工程项目专业之间的主要技术问题，保证工程项目总体功能的先进、合理和协调，防止出现不合格，审核技术变更。

(9) 审核并签署工程开工报告、停工令、复工令，主持处理合同履行中重大争议和纠纷。

(10) 审阅监理日记，审核和签发监理月报。

(11) 检查工程的质量、进度和投资的时间控制情况，验收分项、分部工程，签署工程款付款凭证，审核并签署工程质量等级，编写分阶段的质量报告，组织工程初验。

(12) 主持审核工程结算，审核并签署工程项目竣工资料。

(13) 参加建设单位组织的竣工验收。

(14) 督促整理合同文件和监理档案资料，并对档案资料的安全性负责。

(15) 主持编写工程项目的监理工作总结。

2. 专业监理工程师职责

(1)在总监理工程师和副总监理工程师领导下，负责专业施工监理工作。

(2)认真阅读本专业图纸，掌握本专业的有关施工规范。

(3)参与施工设计交底，了解设计对施工的要求。

(4)参与施工组织设计、施工方案和施工进度计划的审核。

(5)协助、督促施工单位完善质量保证体系和安全体系。

(6)审核进场的材料、设备质量，检查质保书、合格证及必要的试验报告，按见证、取样制度送检材料。

(7)检查施工单位严格按规范、规程、标准进行施工，如有违规操作，口头或书面通知施工单位进行整改。

(8)认真做好抽查、复测、复验工作，及时向总监理工程师提供专业信息。

(9)及时解决和处理施工过程中质量问题，并报告总监理工程师。

(10)收集整理专业的监理技术资料。

(11)现场跟踪监理时认真仔细，并做好交接工作。

(12)参与隐蔽工程和分项、分部工程的检查及验收。

(13)提供本专业有关监理资料，供总监理工程师编写监理总结之用。

3. 监理员职责

(1)执行监理工程师指令，完成交办的工作。

(2)对施工工程的关键工序、关键部位进行旁站监理，控制施工过程质量，处理一般性技术问题，防止出现不合格，如发生重大技术质量问题，应及时报告监理工程师或总监理工程师。

(3)进行规定的抽验和试验并做见证，监控施工单位检验施工和试验过程。

(4)准备监理例会的有关材料。

(5)详细填写监理日记。

4. 资料员职责

(1)负责监理项目部的文件、资料的收发、保管、借阅、传递、立卷、项目和归档工作。

(2)检查收发文件和质量资料的标志、签章的齐全。

(3)参加监理方召集的会议，整理会议纪要，并印发参加会议的各方及有关监理人员。

(六)监理工作制度

1. 组织工地会议。开好第一次工地会议，坚持每周一次的工地例会制度。

2. 每周召开一次驻地监理组会议，分析、研究和总结监理工作。

3. 建立监理日志制度，每天记录气温和气候情况，及时记录当天的监理工作和施工进度、质量情况。

4. 建立监理工程师巡视记录制度，监理工程师巡视现场后，必须填写。

5. 建立监理月报制度，每月月底驻地监理组必须向指挥部送交当月的监理月报。

6. 建立资料档案管理制度，驻地监理组设专人管理资料档案工作，按指挥部的要求分类建档。

7. 建立收、发文制度，来往文件必须要有记录、编号，以备存档和查阅。

(七)监理人员工作守则

1. 维护国家的荣誉和利益，按照“守法、诚信、公正、科学”的准则开展监理工作。

2. 执行有关工程建设的法律、法规、规范、标准和制度，履行监理合同规定的义务和职责。

3. 努力学习专业技术和建设监理知识，不断提高业务能力和水平。

4. 不能以个人名义承揽监理业务。

5. 不同时在两个或两个以上监理单位注册和从事监理活动，不在政府部门和施工、材料设备的生产供应等单位兼职。

6. 不为所监理项目指定承建商、建筑构配件、设备、材料和施工方法。

7. 不收受被监理单位的任何礼金。

8. 不泄露所监理工程各方认为需要保密的事项。

9. 坚持独立自主地开展工作。

◇实践教学

实训3-1 园林工程监理大纲的编制

一、实训目的

结合某实际工程，通过实训，使学生能够编制规范的园林工程监理大纲。

二、实训材料

提供一份××市公园绿化景观工程的工程监理招标文件。

三、实训内容

(1)监理单位拟派往项目上的主要监理人员；

(2)监理方案；

(3)监理阶段性成果等。

四、实训方法

通过查找资料，分小组编制监理大纲。

五、实训要求与成果

每个小组独立完成一份规范、详尽的园林工程监理大纲。

实训3-2 园林工程监理规划的编制

一、实训目的

结合某实际工程，通过实训，使学生能够编制规范的园林工程监理规划。

二、实训材料

提供一份××市公园绿化景观工程的工程资料。

三、实训内容

(1)工程概况；

(2)监理工作范围、目标和依据；

(3)监理工作内容、方法和措施；

(4)监理组织机构、人员配备、岗位职责；

(5)监理工作制度、工作程序；

(6)监理设施。

四、实训方法

通过查找资料，分小组编制监理规划。

五、实训要求与成果

每个小组独立完成一份规范、详尽的园林工程监理规划。

◇思考题

1. 名词解释：监理大纲、监理规划、监理实施细则、监理月报、监理评估报告、监理工作总结。

2. 试比较监理大纲、监理规划与园林工程监理实施细则三者间的联系和区别。

3. 总结园林工程监理实施细则的内容。

4. 简述园林工程监理工作方法。

5. 简述编制园林工程监理月报的主要内容。

6. 简述园林工程监理会议纪要的主要内容。

7. 简述编制园林工程监理评估报告的主要内容。

8. 简述编制园林工程监理工作总结的主要内容。

单元4　园林工程施工监理

◇学习目标

【知识目标】

(1) 掌握园林绿化工程质量、进度和投资监理的工作流程。

(2) 掌握绿化材料质量监理和绿化种植工程监理工作流程。

(3) 掌握运动场草坪工程监理工作流程。

(4) 掌握土方工程、园路工程监理工作流程。

(5) 了解古(仿古)建筑、假山叠石和溪流工程的监理工作内容。

(6) 了解喷泉、喷灌、水电、游艺设备工程的监理工作内容。

【技能目标】

(1) 能够用三大控制的观点分析、处理园林绿化工程实践中出现的问题。

(2) 能够进行绿化种植工程、绿化材料的质量监理。

(3) 能够掌握各类园林工程的施工要点并进行监理。

4.1　园林工程质量监理

4.1.1　工作流程

(1) 监理部进驻现场

①建设单位应提供的证件、文件和资料

- 项目建设许可证；
- 建设工程施工合同；
- 工程施工图；
- 工程地质与水文地质勘察资料；
- 与工程有关的文件；
- 图纸会审及变更资料。

②施工单位应提供的证件、文件和资料

- 施工组织设计或施工方案；
- 分包单位的资格证件；
- 工程坐标放样及灰线签证；
- 管理人员名单及分工；
- 施工主要管理人员通讯和联络方式。

(2) 开工审批

- 施工单位提交单位工程开工报告；
- 监理部审核开工报告，同意后签字盖章，经业主核定，方得开工。

(3) 施工过程现场检查监督

- 存在问题—口头通知、发监理工作联系单、发监理工程师通知单—整改；
- 复核每道工序或分项工程的质量评定表(或检验批质量验收记录)；
- 签署每道工序或分项工程质量报验单。

(4) 苗木、材料检验

- 核对苗木清单，苗木设计规格标准；
- 核对苗木的检疫证和出圃单；
- 审核各种建筑材料的合格证、复测报告、检测和试验报告。

(5) 施工规范检查

- 做好监理日志和有关检查记录；
- 复核施工基准点；
- 现场检查或抽样检查各道工序结果，合格后由监理工程师签字；
- 核对质量保证资料和单位工程观感质量评定表；
- 审核竣工图。

4.1.2　质量评估

- 编写单位工程质量评估报告(监理工程师)，由总监理工程师签字、盖章；
- 参加工程验收活动，提出验收意见。

4.1.3　工作总结

- 填写竣工报告，交建设单位；
- 提交监理总结报告；
- 提交监理资料。

4.2　园林工程进度监理

(1) 总工期分析

- 收集、汇总分部分项工程施工日志，分析工程结点；
- 与施工单位调整施工进程。

(2) 周进度要求

分析工程结点：

- 根据总进度要求、季节天气情况，制订每周施工计划；
- 检查施工日志，审查周施工计划完成情况。

(3) 月进度计划

- 根据总进度要求、现场完成情况，确定本月需完成的分部或分项工程；
- 总结本月施工情况，填写监理工作月报表。

(4) 特殊任务

- 如有特殊任务，应参与建设单位召集的施工会议商议解决方案；
- 对造成工期的影响，督促各施工单位调整进度，报建设单位备案。

4.3 园林工程投资监理

(1) 预算

- 核查是否有漏项或重复项目；
- 核对预算定额；
- 参与定额外项目的洽谈(主要是各种采购苗木价格)；
- 核查各项技术措施费用。

(2) 施工

- 核查和控制技术，核定项目；
- 核查技术措施实施情况；
- 核查设计变更项目。

(3) 结算

检查结算与竣工资料，审查各项增加项目。

4.4 园林工程安全监理

(1) 涉及人身安全和人体健康

- 现场用电方面；
- 高空作业方面；
- 起重、搬运方面；
- 中深基坑方面；
- 地下管道及架空线方面；
- 2m 以上的堆高及叠石方面；
- 暴风雨造成的安全问题(大树、行道树)。

(2) 涉及设备、财产安全

- 超负荷运行方面；
- 定期保养方面；
- 专业培训及上岗操作方面。

4.5 绿化材料质量监理

(1) 绿化材料单据

- 核对施工单位绿化材料清单，检查进场绿化材料是否符合清单中的名称、种类、产地；

- 开包检查(整批)绿化材料的品种、规格、数量；
- 检查外地引入的绿化材料的检疫证件；
- 检查一切本地的绿化材料的生产单位出圃单和产品证明。

(2) 绿化材料保鲜措施

- 保持绿化材料的鲜活程度；
- 保持绿化材料的根系湿度；
- 保持绿化材料的枝叶失水程度。

(3) 绿化材料根系

- 绿化材料必须根系发达，带泥球苗木的泥球应无松散现象，泥球直径是树干直径的6~10倍；
- 裸根的绿化材料，须根保留程度符合要求。

(4) 绿化材料质量

- 绿化材料必须生长茁壮，无检疫性病、虫、草害，并符合设计要求；
- 绿化材料的树形、树冠、顶梢、分枝、分枝数、分枝形符合要求；
- 检查乔木类绿化材料的胸径、高度、蓬径；
- 检查灌木类绿化材料的地径、高度、蓬径、分杈数；
- 检查地被类绿化材料的主径长度、高度、蓬径、分蘖数；
- 检查草坪类绿化材料的根系情况、栽种泥土厚度、草苗高度；
- 籽播草坪要进行发芽率试验；
- 抽样实测。

(5) 合格苗木材料报验单的签收

不合格的苗木要及时退回。

4.6 绿化种植工程监理

4.6.1 种植前的监理

①督促施工单位核对种植工程的设计图与现场平面及标高，不符时，应由设计单位做出变更设计。

②设计应明确规定乔灌木的规格。乔灌木的质量要求包括：栽植种类、高度、树干胸径、树冠、地径、分杈数、根系等。

③检查种植的土壤是否符合设计要求，并检验土壤检验报告。检验报告内容包括：

- 土壤质地、酸碱度、混杂物等；
- 介质土成分、产品说明及合格证；
- 肥料、产品说明及合格证。

④绿化范围内的土地根据设计要求进行深翻平整。置换三、四类土。

⑤检查栽植乔木、大灌木的坑槽。

• 树坑直径(或正方形树穴的边)应比土球直径大40cm;

• 树坑深度应与植物根系相适应或符合规范要求;

• 坑槽内土质应符合栽植设计要求;

• 坑槽应竖直下掘;

• 合格后签署树穴报验单(隐蔽工程)。

⑥复核种植放样。

• 复核各种苗木的种植位置、范围、株行距或自然种植位置;

• 签署放样报验单。

4.6.2 种植过程的监理

①非栽植季节栽植必须按规范操作,并制订各种保活措施,由1名园艺工程师和1名高级工以上的绿化工负责。

②带泥球的树木是否扎腰箍,出长根和裸根的树木是否有沾泥或带毛泥球及根部保湿处理措施。

③树木运到栽植地后,有损伤的树枝、树根是否及时修剪,大的修剪口是否做防腐处理。

④栽植。

• 栽植前要根据设计要求施基肥或改良,合格后签署种植土改良报验单(隐蔽工程);

• 树木要按朝向选择丰满的完整面,并朝向主要观赏视线,孤植树木冠幅要完整;

• 带泥球的树木应按规范标准操作,轻放入坑,去除包扎物,按设计要求施肥或技术处理,围堰和浇水后平整,2天内发现泥土下沉,是否及时补填土、浇水整平;

• 裸根树木应按规范标准操作,蘸浆、扶正、培土、夯实、围堰和浇水。

⑤支撑、绑扎。

• 乔木、大灌木在栽植后应按实际情况用十字支撑、扁担支撑、三角支撑或单柱支撑,雪松等特殊树种要进行"领头"等特殊处理,绑扎点要用软衬垫,不能用铁丝或草绳;

• 距离较近的树木,可相互支撑;

• 检查各种支撑是否牢固,绑扎后树干应保持正直。

⑥修剪及其他。

• 新栽植的植物要进行修剪、疏枝,以提高成活率;

• 非种植季节栽植应按不同的树种采取相应的修剪,强剪应保留树木原枝条的1/3,树冠树形仍要符合设计要求,必须由中级以上绿化工操作;

• 应摘叶的是否已摘,是否保留幼芽;

• 夏季、冬季是否有防晒、防寒措施,喷雾、浇水是否达到保持二、三级分杈以下的树干湿润;

• 行道树第一分杈点要在3.0~3.2m;

• 草绳绕干下部应到地面，高度应符合要求。

⑦大树移植。

• 移植的大树应在年前切根，大树应有新梢、新芽，长势好，根系分布较浅，长出新根；

• 移植应在最适合移植该树种的时间进行；

• 大树挖掘后应及时装吊、运输，吊运时，应有保护措施；

• 树木的土球或根系应符合标准；

• 栽植前要检查是否根据工程要求采取各种特殊措施；

• 常绿树应修去断枝后绑扎，土球要扎腰箍，栽植时不得破坏土球，填土略高于球面，围堰浇足水，移栽至低洼处要堆土填高，检查种植穴内有无空隙；

• 裸根植物应选择良好蓬松的土壤作栽植土，定位后，填入土壤，逐层捣实，围堰浇水，检查坑内有无空隙；

• 移植后宜采用牢固支撑，培土下沉要加土，注意树根不可架空。

⑧小灌木、地被、草花的栽植。

• 检查小灌木色块、地被的种植密度、均匀程度，铺地苗木覆盖地面的效果；

• 检查灌木绿篱的修剪高度、形状；

• 检查草花色块、花坛的色彩搭配、图案形状、艺术效果。

⑨草坪。

• 检查待铺草坪的草块大小、厚度是否均匀及杂草比例，有无病虫害；

• 草坪栽植应在最适合的季节；

• 栽植前后都要除去杂草根茎，铺植要平整，铺植后应滚压、浇水。

⑩报验。检查工程规范要求项目或分项质量评定项目。

4.6.3 养护措施的监理

（1）灌溉与排水

• 对新栽植的树木要根据不同的树种和不同的立地条件进行适期、适量的灌溉，并保持土壤中的有效肥分，还要注意不同土质的排水情况，不能有积水；

• 对已栽植成活的树木，要根据环境条件及时灌溉，对水分和空气温度要求较高的树种，应在清早或傍晚进行灌溉，或做适当的叶面喷雾处理；

• 灌溉前要适当松土，夏季灌溉宜在早上或傍晚进行，冬季灌溉宜在中午，灌溉要一次浇透，特别在春夏季节；

• 暴雨后新栽树木周围积水应尽快排除。

（2）中耕除草

• 检查乔木、灌木下的野草是否铲除；

• 中耕除草应选择在天气晴好，土壤不过分潮湿的时间进行；

• 中耕除草的深度不可影响根系生长。

(3) 施肥

• 树木休眠期要适当施肥；

• 乔木、灌木应按树种、树龄，生长期以及土壤的理化性质进行施肥；

• 施肥要在晴天进行。

(4) 修剪、整形

• 修剪整形应根据树木生长的情况以及树木的通风、采光和肥水情况，确定树木的树形、树势。

• 乔木类应修去徒长枝、病虫枝、交叉枝、并生枝、扭伤枝及枯枝烂头，及时销毁病虫枝。

• 灌木类修剪应按先上后下、先内后外、先弱后强、去老留新的原则进行。

• 绿篱类可分一般整形修剪，也可按特殊造型修剪。

• 草坪修剪高度一般在2~4cm，也可按特殊需要高度修剪。

• 修剪的方法是切口靠节，剪口在反侧呈45°倾斜，剪口要平整，要涂防腐剂，对粗壮的大树，如采用截枝法，要防扯裂，操作时必须安全。

• 休眠期修剪以整树形为主，宜稍重剪；以调整树势为主，宜轻剪。有伤流的树种，要在夏秋两季修剪。

• 大树移植后要由专职技术人员进行养护管理。

(5) 防护设施

• 高大乔木在风暴来临前夕，要采取措施，如打地桩扎缚或加土、疏枝，风暴后清除临时措施，倾倒树木要扶正；

• 树木防涝、排水应采取适当措施（筑围、开深沟、抽水）。

(6) 补植

• 要选在规定的季节内补植；

• 补植树木要能与原来景观相协调。

(7) 草坪养护

• 要清除草坪上的石子、瓦砾、树枝等杂物，挑除杂草；

• 低洼积水要排水或加土，空秃地应补植；

• 草坪生长季节，要中耕、加土、滚压，保持土壤平整和良好的透气性；

• 草坪与树坛衔接处要切边，树冠下草坪应经常施肥，花坛边缘要进行切边；

• 草坪发芽前应施肥，生长季节要追施肥料，及时浇水。

(8) 病虫害和草害防治

• 防治病虫害的方针要以“预防为主，综合治理”，维护生态平衡；

• 根据园林植物病虫害预测预报制订长期、短期的防治计划；

• 要合理使用防莠剂；

• 采用化学、农药除莠、除病虫，必须按有关安全操作规定执行。

4.7 运动场草坪工程监理

（1）审核施工依据

• 建设单位应向施工单位提供运动场草坪工程的施工图，严禁无图施工；

• 运动场草坪工程应根据设计施工图，现场核对其平面位置及标高，如有不符，应由设计单位做变更设计；

• 运动场草坪工程应具有详细的排水系统图和排水沟渠截面图。

（2）复核排水系统放样

• 复核排水明沟、排水盲沟及出口标高；

• 复核运动场原始地下管线情况；

• 复核运动场排水系统的位置，签署放样报验单。

（3）检查排水系统

• 检查排水管线、沟渠及出口的深度、标高是否符合设计要求；

• 及时验收，签署隐蔽工程报验单；

• 采用地面排水的场地应检查地形标高，是否符合设计要求；

• 遇疏散层、暗浜或异物等，应由设计单位作变更设计后，方可继续施工。

（4）草皮种植

• 检查草坪种植层沙、土、营养介质土比例；

• 检验草种发芽率，核准草籽用量；

• 督促修剪、除杂、防病。

（5）草皮养护

• 督促适时修剪、追肥、防病；

• 督促小面积补稀，除杂。

（6）验收

签署工程报验单。

4.8 土方工程监理

（1）原始地形验收

原始地形验收是土方造形工程的第一项监理工作，是土方造型工程核算的重要依据。

（2）小块、条形坑坛验收

小区绿化、道路绿化等小块绿地、条形绿地形式，应测量绿化工程开始前的地坪标高、坑坛深度、土质情况，以利于土方结算。

（3）土山堆筑

• 监督施工单位严格按工程要求及进度施工；

- 严格控制土方的质量(尤其是面层种植土厚度);
- 严格控制堆筑速度，及时了解沉降情况，并提出合理化建议;
- 对土山堆砌筑过程，做好进度、土方量、沉降记录，绘制曲线图，以供参考;
- 对有桩基、基础的项目，做好桩基验收和隐蔽工程验收;
- 参加工程检测和有关的沉降、变异情况的分析会议。

(4) 种植地形

- 检测种植地形标高;
- 复验地块种植土厚度;
- 了解种植土质量，包括土石比例、酸碱度、颗粒尺寸及含肥情况;
- 参加复验地形的自然、顺畅和观赏性;
- 检查施工单位的过程报告和分项评定表;
- 签署土方地形工程报验单。

(5) 河道、湖泊

- 核查河道及湖泊是否符合依据点放样;
- 核查河底的开挖标高;
- 核查河底的中心线是否在规定的范围之内;
- 核查水位控制的溢水口标高;
- 检查河湖是否符合要求处理驳岸坡度;
- 检查驳岸处理是否符合工艺要求、艺术要求;
- 硬质河底是否符合设计和土建要求;
- 防渗膜河底处理是否符合规范要求，并留出沉降余量。

4.9 园路工程监理

(1) 道路放样

- 核查道路是否按依据点放样;
- 核查车行道转弯处是否加宽;
- 核查道路坡度是否符合设计要求;
- 签署放样报验单。

(2) 路基材料及各项现场试验指标

- 检查土基是否按要求分层进行压实、滚压;
- 土基的夯实是否达到要求，压实是否有试验报告;
- 路基材料是否符合设计要求;
- 垫层材料是否有检验报告;
- 各层厚度是否达到设计要求;
- 设置的沉降缝、伸缩缝是否符合设计要求;

• 签署各层隐蔽工程报验单。

(3) 道路面层

• 检查路面的平整度和坡度；

• 检查混凝土路面分块是否合理；

• 检查路面材料是否符合设计要求；

• 检查不同路面的拼接是否简洁、美观；

• 检查沥青路面是否在基层干燥之后铺设；

• 检查各种路面石板铺设是否符合规范和设计要求；

• 检查花纹、图案是否符合设计要求；

• 检查面层与基层结合是否必须牢固、无空鼓；

• 签署道路工程报验单。

(4) 道路养护

• 检查三渣层、混凝土道路是否按规定留出养护日期；

• 检查养护方法是否正确；

• 检查养护措施是否到位。

(5) 阶梯和桥梁

• 检查阶梯和桥梁与道路的衔接是否和顺；

• 检查阶梯是否符合规范；

• 检查坡度是否符合设计要求；

• 检查路面防滑措施是否符合设计要求；

• 检查栏杆或扶手各项技术性能；

• 通车桥梁必须有限载标志；不准通车的宽阔桥梁，必须有路障。

4.10 古(仿古)建筑工程监理

(1)施工图

• 施工前要正确理解设计意图和施工图；

• 检查施工说明、尺寸是否齐全；

• 核查是否考虑新的地质情况。

(2)古建筑材料

• 核查所有仿古材料和原有物件的尺寸、图案；

• 检查材质相仿程度、修复程度。

(3)基础工程

• 复核基础位置，签署放样报验单；

• 柱基、基坑、基槽和管沟的开挖与回填必须符合设计要求或土建施工规范要求；

• 基础验收，签署隐蔽工程报验单。

(4)土建工程

①土建

• 仿古手段的土建施工必须按土建施工规范的要求；

• 土方及管沟按土建规范要求。

②支架

• 检查脚手架、吊装支架必须具有足够的强度、刚性和稳定性；

• 吊装支架必须有较宽敞的通过被吊物的空间。

③三合土

• 检查配料比例、拌和均匀程度；

• 虚铺厚度、整压密实度要符合设计要求。

(5)石作工程

①石料设计要求

• 设计加工等级要明确；

• 石料质量、色质要符合设计要求并封样。

②主体

• 检查石柱、石梁所用石料的品种、规格和强度，必须符合设计要求；

• 石料不得有裂缝、隐残，表面纹路齐直、平整、清晰均匀、无壳斑；

• 榫槽必须按设计要求设置，安装必须牢固，填充砂浆必须饱满密实。

③磉石、石鼓墩

• 石料的品种、质量必须符合设计要求；

• 外形、色泽等必须符合设计要求。

④石作地面(花岗石、青石、黄石等)

• 检查石板的品种、质量、规格、色泽；

• 石板应铺设稳固，表面平整，无松动、掉角和缺楞等缺陷；

• 灰缝应顺直，宽度均匀，勾缝整齐。

⑤石作装饰(片石贴面、门鼓、须弥座、压顶、拖泥石、石栏杆等)

• 石料的品种、色泽必须符合设计要求；

• 石料构件表面应斩纹线条齐直、和顺。

(6)大木作工程

①柱、梁、川、枋、戗、脊、承重斗拱等

• 检查木材的品种、木质、处理要求；

• 检查承台和立柱各部分形状、尺寸和相互位置是否正确；

• 连接构造采用钢材及附件的材质、型号、规格必须符合设计要求；

• 支座节点、接头的构造必须符合设计要求和《营造法原》的规定，连接牢固，无松动。

②屋面木骨架、檩条、椽条等

• 检查木材的品种、木质、处理要求；

• 检查檩条接头位置、固定方法，必须符合设计要求和《营造法原》的规定，连接牢固，无松动；

• 椽与檩钉接牢固可靠，椽条接头设在檩条上，接头应错开布置；

• 封山板、封檐板应表面光洁，接头采用榫接并镶接严密。

(7)小木作工程

①门窗

• 检查木材的树种和材质等级，含水率和防腐、防火处理；

• 榫槽必须嵌合严密，胶料品种必须符合设计要求和施工规范；

• 摇梗必须采用硬木，开关应灵活、稳定。

②木装修(包括挂落、罩、吴王靠、栏杆、博古架、雀替等)

• 死节和虫眼应用同树种木塞加胶填补，木纹应与制品一致；

• 割角整齐，交圈接缝严密，平直通顺。

(8)砖、瓦工程

①砖瓦的设计要求　瓦件和砖细的质量、色质要符合设计要求并封样。

②砖地面(清水方砖、仿古砖、青砖、条砖等)

• 所用砖的品种规格、强度等级必须符合设计要求；

• 面层与基层结合程度，混凝土强度必须达到设计要求和规范规定；

• 砖块应色泽均匀，无裂缝、掉角和缺楞等缺陷；

• 仿青砖应表面密实光洁，无裂缝、脱皮、麻面等；

• 地面镶边用料及尺寸应符合设计要求和规范要求。

③砖细(砖雕)

• 检查色泽均匀，无裂缝、砂眼和缺楞掉角；

• 各类拼缝、线脚齐直，弧形曲线自然美观，形状图案清晰，符合设计要求；

• 表面光滑整洁，无打磨、刨印的痕迹，无返黄。

④屋面(蝴蝶瓦、小青瓦、筒瓦、琉璃瓦等)

• 瓦的品种、规格、色泽要符合设计要求；

• 屋面坡度、弯度、斜沟和泛水应符合设计要求；

• 屋面不得有渗漏。

⑤檐人、脊头、走兽、飞人、天王座、龙吻、哺鸡等

• 外形应造型正确，符合设计要求；

• 外形要自然逼真，做工精细。

(9)雕花(木雕、砖雕、石雕、泥雕、兽相等)

• 雕花件应精工细作，图案、花纹的艺术造型要符合设计要求；

• 表面修补处理应无明显痕迹；

• 颜色一致无明显刷纹。

(10) 油漆、广漆

• 油漆、广漆品种、颜色、质量应符合设计要求;

• 施工前要进行调色和干燥时间试验;

• 严禁脱皮、漏刷、空鼓、裂缝。

(11) 竹器工程

• 竹器工艺、制作要符合设计要求;

• 竹器材料的处理方法要符合设计要求。

4.11 假山叠石和溪流工程监理

(1) 审核施工依据

• 建设单位应向施工单位提供假山叠石和溪流工程的施工图,严禁无图施工;

• 假山叠石工程和溪流工程应符合设计施工图,现场需核对其平面位置及结构截面,如有不符,应由设计单位作变更设计。

(2) 复核基础放样

复核基槽位置,签署放样报验单。

(3) 检查基础施工

• 基础范围和深度应符合设计要求;

• 遇疏散层、暗浜或异物等,应由设计单位作变更设计后,方可继续施工;

• 基础表面应低于近旁土面或路面;

• 基础验收,签署隐蔽工程报验单。

(4) 检查山体轮廓放样

• 检查山体轮廓是否在基础范围之内;

• 山势是否符合设计要求。

(5) 监督假山叠石施工

• 山体石色、纹理应有整体感,形体要自然、完整;

• 山洞洞壁凹凸面不得影响游人安全;

• 山洞内应注意采光,不得积水;

• 假山瀑布出水口宜自然,瀑身的形式应达到设计规定;

• 溪流花驳叠石,应体现溪流特性,汀步安置应稳固,面石要平整,间距及高差要适当;

• 水池及池岸花驳、花坛边的叠石造型应自然平整,山石纹理或折皱处理要和谐、协调,路旁以山石堆叠的花坛边其侧面及顶面应基本平整;

• 孤赏石、峰石宜形态完美,应注意主观赏面的方向,必须注意重心,确保稳固;

• 散置的山石应根据设计意图不得随意堆置,不可简单重复,堆置要稳固;

• 假山叠石施工,应有一定数量的种植穴,留有出水口。

(6) 假山叠石施工的技术处理

- 施工前要对山石的质地、纹理、石色进行挑选、分类;
- 施工前要对施工现场的山石进行清洗,除去山石表面积土、尘埃和杂物;
- 壁石与地面衔接处应浇捣混凝土黏合,墙面上的壁石必须稳固,厚度应大于或等于结构计算的要求;
- 假山石的搭接应相互嵌合,各缝隙要用指定强度的砂浆或混凝土进行填塞及浇捣;
- 假山叠石整体完成后,勾缝应用指定强度的砂浆,缝宽宜2~3cm。

(7) 验收

- 每批石料到达工地,都应进行验收,石料量应和用途相适应;
- 验收假山基座基础;
- 施工过程中要进行中间验收;
- 大型的假山叠石工程要有施工组织设计,并要及时验收工序资料;
- 复验堆砌假山工程量(重量),复验堆砌假山体积,并按商定系数核算工程量;
- 竣工验收时,要一并验收包括竣工图的竣工资料,签署工程报验单;
- 如属分部工程,则作评估报告。

(8) 塑假山(属土建工程)

- 验收混凝土结构隐蔽工程;
- 核验塑假山面积;
- 检查塑假山品种形式;
- 塑假山勾缝材料应与假山颜色相近。

4.12 喷泉、喷灌、水电工程监理

- 施工前应复核根据设计图翻样出施工图的正确性;
- 核验所有材料和物件的合格证和复印件;
- 复核管槽位置,签署放样报验单;
- 隐蔽管道深度、位置必须符合设计要求和施工规范规定;
- 验收管槽,签署隐蔽工程报验单;
- 核验施工人员的上岗证;
- 管道铺设、连接必须符合设计要求和规范规定;
- 管道应做水压试验,其结果必须符合设计要求和规范规定;
- 喷头安装之前,管道必须清洗;
- 喷头安装,必须符合设计要求和产品特性;
- 喷泉、喷灌安装结束后必须进行调试,各种指标要符合设计和规范要求;
- 电磁阀安装、电磁阀井必须符合设计和规范要求;
- 电线管敷设要连接紧密,管口光滑,护口齐全,排列整齐,管子弯曲处无明显折

皱，油漆防腐完整，符合规范规定；

- 导线在管内不得接头，护线套齐全，符合规范规定；
- 导线间和导线对地的绝缘电阻必须大于0.5MΩ，符合规范规定，并做实测记录；
- 电气器具的接地保护措施和其他安全要求，必须符合规范规定；
- 配电箱安装，必须位置正确，部件齐全，箱体油漆完整；
- 导线与器具连接，必须牢固紧密，不伤芯线，压板无松动，配件齐全；
- 接地体安装，必须位置正确，连接牢固，接地体埋设深度符合设计和规范要求，并做实测记录；
- 水下灯及潮湿地区电器，必须使用12V(24V以下)电源；
- 各项景观安装全部符合设计和规范要求，方可签署工程报验单。

模块 2

园林工程建设监理

单元5　园林工程建设实施准备阶段监理

◇学习目标

【知识目标】

(1) 掌握园林工程建设监理的招投标过程。

(2) 掌握园林工程建设监理示范合同文本及其标准条件。

(3) 了解园林工程实施准备阶段监理方的工作内容。

(4) 了解园林工程建设项目准备阶段监理方的监理工作内容。

(5) 了解工程勘察阶段监理方的监理工作内容。

(6) 掌握设计阶段监理方的监理工作内容。

(7) 掌握施工单位招投标过程中的监理工作内容。

(8) 了解监理单位现场调查的工作内容。

【技能目标】

(1) 能够编制园林工程建设监理招标文件。

(2) 能够编制园林工程项目监理投标书。

(3) 能够应用投标策略进行工程监理投标。

(4) 能够分析园林工程建设监理示范合同的内容和标准条件。

(5) 能够编制园林工程建设项目建议书。

(6) 能够对园林工程施工招投标的过程进行监督管理。

5.1　园林工程建设监理招投标及合同管理

在园林工程建设过程中，当工程项目属于大、中型时，在建设过程中一定要进行工程监理。也就是说，在工程已开始立项，准备建设的时候，要招标委托监理公司，签订监理合同。下面简要介绍园林工程建设委托监理的招投标过程。

5.1.1　园林工程建设监理招标

5.1.1.1　招标委托监理的内容

(1) 工程规模

中小型工程项目，有条件时可将全部监理工作委托一个单位，大型复杂工程项目，则可以按阶段和工作内容分别委托监理单位，如将设计和施工两个阶段分别委托不同的监理单位。

(2) 项目的专业特点

在大型复杂工程的建设阶段，划分监理工作范围时应充分考虑不同工作内容的要求，如将土建工程与安装工程和绿化工程分开。若有特殊专业技能要求时，如特殊基础处理工程，还可将监理工作进一步划分，将其中有特殊要求的监理工作委托给有相应技能的监理单位。

(3)合同履行的难易程度

对于其中较易履行的合同，监理工作可以合并，一起纳入某项委托监理合同之中，也可以由业主自行管理。如一般材料供销合同的履行监督、管理等。而对于履行复杂的合同，则需要委托专门的监理单位监督其履行。

(4)业主的管理能力

当业主的技术能力和管理能力较强时，项目实施阶段的某些管理工作也可以由其自身来承担，而不必委托监理单位，如施工前期的现场准备工作等。

5.1.1.2 监理单位的资格预审

监理单位资格预审是对邀请的监理单位的资质、能力是否与拟实施项目特点相适应的总体考察，审查具体内容见表5-1。

表5-1 监理单位资格预审的内容

审查内容	审查重点	判断原则
资质条件	1. 资质等级 2. 营业执照、注册范围 3. 隶属关系 4. 公司的组成形式，以及总公司和分公司的所在地 5. 法人条件和公司章程	1. 监理公司的资质等级应与工程项目级别相适应 2. 注册的监理工作范围满足工程项目的要求 3. 监理单位与可能选择的施工承包商或供应商不应有行政隶属关系或合伙关系，以保证监理工作的公正性
监理经验	1. 已监理过的工程项目一览表 2. 已监理过的类似的工程项目	1. 通过一览表考察其监理过哪些行业的工程，以及对哪些专业项目具有监理经验，尤其是特长 2. 考察其已监理过的工程中类似工程的数量和工程规模，是否与本项目相适应。应当要求其已完成过或参与过与拟委托项目级别相适应的监理工作
现有资源条件	1. 公司人员 2. 开展正常监理工作可采用的检测方法或手段 3. 计算机管理能力	1. 对可动用人员的数量，专业覆盖面，高、中、初级人员的组成结构，管理人员和技术人员的能力，已获得监理工程师证书的人员数量等进行考察，看其是否满足本项目监理工作要求 2. 自有的检测仪器、设备不作为考察是否胜任的必要条件，若有的话，可予以优先考虑。但对必要的检测方法及获取的途径、以往做法应重点考察，看其是否能满足监理工作的需要 3. 已有的计算机管理软件是否先进，能否满足监理工作的需要
公司信誉	1. 监理单位在专业方面的名望、地位 2. 在以往服务过的工程项目中的信誉 3. 是否能全心全意地与业主和承包商合作	1. 通过对已监理过工程项目业主的咨询，了解监理单位在科学、诚实、公正方面是否有良好信誉 2. 以往监理中是否有失职行为给业主带来重大损失的情况 3. 是否有因与业主发生合同纠纷而导致仲裁或诉讼的记录，事件发生的责任由哪方承担 4. 是否发生过因监理单位或其监理人员接受被监理单位佣金、回扣、津贴等而违背监理人员应忠诚地为业主服务原则的行为

(续)

审查内容	审查重点	判断原则
承接新项目的监理能力	1. 正在实施监理的工程项目数量、规模 2. 正在实施监理的各项目的开工和预计竣工时间 3. 正在实施监理工程的地点	1. 依据监理单位所拥有的人力、物力资源，判别其可投入的资源能否满足本项目的需要 2. 当其资源不能满足要求时，能否从其他项目上调用监理，完成后对本项目补充的资源能否满足工程进展需求 3. 对部分不满足专业要求的监理工作，其提出的解决方案是否可接受(包括分包监理工作单位，临时聘用的监理人员资质条件)

5.1.1.3 监理招标文件的内容

园林工程建设监理招标文件的内容一般包括以下几部分：

①工程概况，包括项目主要建设内容、规模、地点、总投资、现场条件和开竣工日期等。

②招标方式。

③委托监理的范围和要求。

④合同主要条款，包括监理费报价，投标人的责任，对投标人的资质和现场监理人员的要求以及招标人的交通、办公和食宿条件等。

⑤投标须知。目前，我国很多地区都颁布了建设监理招标文件范本，以规范建设监理的招标行为。

5.1.1.4 园林工程建设监理的开标、评标、决标

(1) 开标

开标一般在统一的建设工程交易中心进行，由工程招标人或其代理人主持，并邀请招标管理机构有关人员参加。在园林建设工程监理招标中，由于业主主要看中监理单位的技术水平而非监理报价，并且经常采用邀请招标的方式。因此，有些招标不进行公开开标，并不宣布各投标人的报价。

(2) 评标

①评标委员会　评标一般由评标委员会进行。评标委员会应由招标人或其委托的招标代理机构熟悉相关业务的代表，以及有关技术、经济等方面的专家组成。成员一般由5人以上单数，其中技术、经济等方面的专家不能少于成员总数的2/3。评标委员会的专家成员应当从省级以上人民政府有关部门提供的专家名册或者招标代理机构的专家库内的相关专家名单中确定。对于一般工程项目，可以采取随机抽取的方式；对于技术特别复杂、专业性要求特别高或者国家有特殊要求的招标项目，若采取随机抽取方式确定的专家难以胜任，则可以由招标人直接确定。

对组成评标委员会的专家，也有特殊要求：

- 从事监理工作满8年并具有高级职称或者同等专业水平；
- 熟悉有关招标投标的法律法规，并具有与监理招标项目相关的实践经验；
- 能够认真、公正、诚实、廉洁地履行职责。

有下列情况之一的，不得担任评标委员会成员：

- 是投标人或者投标人主要负责人的近亲属；
- 是项目主管部门或者行政监督部门的人员；
- 与投标人有经济利益关系，可能影响对投标公正评审的；
- 曾因在招标、评标以及与招标投标有关活动中从事违法行为而受过行政处罚或刑事处罚的。

评标委员会负责人由评标委员会成员推举产生或者由招标人确定，评标委员会成员的名单在中标结果确定之前应当保密。

②评标方法　评标委员会应当根据招标文件确定的评标标准和方法，对其技术部分和商务部分进行评审、比较。评标方法包括专家评审法和综合评估法。

专家评审法　是由评标委员会的各位专家分别就各投标书的内容充分进行优缺点评论，共同进行讨论、比较，最终以投票的方式评选出最具实力的监理单位。这种方法的优点是各评审专家可充分发表自己对各标书的优、劣意见，集思广益进行全面评价，节约评标时间。但其缺点是以定性的因素作为评审原则，没有量化指标对各个标书进行全面的综合比较，评审人的主观因素影响较大。

综合评估法　是指采用量化指标考查每一投标综合水平，以各项因素评价得分的累计分值高低，排出各标书的优劣顺序。评标的原则主要是技术、管理能力是否符合工程监理要求，监理方法是否科学；措施是否可靠，监理取费是否合理。该法根据项目监理内容的特点划分评审比较的内容，然后根据重要程度规定各主要部分的分值权重，在此基础上还细致地规定出各主要部分的打分标准。各投标书的分项内容经过评标委员会专家打分后，再乘以预定的权重，即可算出该项得分，各项分数的累计值组成该标书的总评分。

监理投标书，一般以投标人准备如何实施委托监理任务的建设书方式编报。监理投标书一般分为技术建议书和财务建议书两大部分。这两部分在评审时可以分别考虑，也可以同时综合考虑。技术建议书评审主要分为监理单位的经验、拟完成委托监理任务的计划方案和人员配备方案3个主要方面；财务建议书评审主要是评审报价的合理性。若两大部分同时记分时，技术评审权重为70%~90%，财务评审权重为10%~30%。其中，技术评审所考虑的3个方面在技术评审总分中所占的权重分配一般为：监理经验占10%~20%，监理工作计划占25%~40%，监理人员配备占40%~60%。

③评标报告　根据综合评估法完成评标后，评标委员会拟订一份"综合评估比较表"，连同书面评标报告提交招标人。"综合评估比较表"要载明投标人的投标报价，所作的任何修正，对商务偏差的调整，对技术偏差的调整，对各评审因素的评估以及对每一投标的最终评审结果。

评标和定标在投标有效期结束后30个工作日内完成。不能在投标有效期结束后30个工作日内完成评标和定标的，招标人应通知所有投标人延长投标有效期。拒绝延长投标有效期的投标人有权收回投标保证金。同意延长投标有效期的投标人应当相应延长其投标担保的有效期，但不得修改投标文件的实质性内容。因延长投标有效期造成投标人损失的，招标人应当给予补偿，但因不可抗力因素需延长投标有效期的除外。招标文件应当载明投标有效期。投标有效期从提交投标文件截止日起计算。

评标委员会在评标过程中发现的问题，应当及时做出处理或者向招标人提出处理建议，并作书面记录。

评标委员会完成评标后，应当向招标人提出书面评标报告，并抄送有关行政监督部门。

评标报告由评标委员会全体成员签字。对评标结论持有异议的评标委员会成员可以书面方式阐述其不同意见和理由。评标委员会成员拒绝在评标报告上签字且不陈述其不同意见和理由的，视为同意评标结论。评标委员会应当对此做出书面说明并记录在案。

向招标人提交书面评标报告后，评标委员会即告解散。评标过程中使用的文件、表格以及其他资料应当即时归还招标人。评标委员会推荐的中标候选人应当限定在1~3人，并标明排列顺序。

(3)决标、签约

中标人确定后，招标人应当向中标人发出中标通知书，同时通知未中标人。中标通知书对招标人和中标人具有法律约束力。中标通知书发出后，招标人改变中标结果或中标人放弃中标的，应当承担法律责任。

招标人与中标人签订合同后5个工作日内，应当向中标人和未中标的投标人退还投标保证金。招标人和中标人应当自中标通知书发出之日起约30个工作日内，按照招标文件和中标人的投标文件订立书面委托监理合同。招标人与中标人不得再另行订立背离合同实质性内容的其他协议。在书面委托监理合同订立之前，双方还要进行合同谈判，谈判内容主要是针对委托监理工程项目的特点，就《工程建设监理合同》示范文本中专用条件部分的条款具体协商议定。一般包括工作计划、人员配备、业主的投入、监理费的结算、调整等问题，双方谈判达成一致，即可签订监理合同。

5.1.2 园林工程建设监理投标

5.1.2.1 接受资格预审

在接到投标邀请书或得到招标人公开招标的消息后，监理投标单位应主动与招标人联系，获得资格预审文件，按照招标人的要求，提供参加资格预审的资料。资格预审文件的内容应与招标人资格预审的内容相符，一般包括：①企业营业执照，资质等级证书和其他有效证明文件；②企业简历；③主要检测设备一览表；④近3年来的主要监理业绩等。

以上文件部分采用表格形式体现，可参照表5-2。

表5-2 监理单位资质预审表

1. 公司人员总数				
类　别	监理人员	管理人员	后勤人员	合　计
数　量				
类　别	高级工程师	工程师	具有执业资格的	经过监理培训的
数　量				

（续）

2. 财务和资产状况					
企业固定资产		盈利		亏损	
计算机(台)		测量仪器		其他检测设备	
3. 3年内完成的同类项目					
工程名称	工程地点	工程等级	工程规模		
4. 诉讼和履行					
在过去3年中有无违约解除合同或发生诉讼					

资格预审文件制作完毕后，按规定的时间递送给招标人，接受招标人的资格预审。

5.1.2.2 编制投标文件

在通过资格预审后，监理投标单位应向招标人购买招标文件，根据招标文件的要求，编制投标文件。

(1)投标文件的内容

投标文件的内容主要有：投标书，监理大纲，监理企业证明材料，近3年来承担监理的主要工程，监理机构人员资料，反映监理单位自身信誉和能力的资料，监理费用报价及其依据，招标文件中要求提供的其他内容。

除以上主要内容外，还需提供附件资料：投标人企业营业执照副本，投标人监理资质证书，监理单位3年内所获国家及地方政府荣誉证书复印件，投标人法定代表人委托书，监理单位综合情况审查表，监理单位近3年来已完成及在监的单位工程多少万平方米(或总造价多少万元)以上工程项目的业绩表，拟派项目总监理工程师资格审查表，拟派项目监理机构中监理工程师资格审查表，拟在本项目使用的主要仪器、设备一览表，投标人需业主提供的条件。

(2)监理单位投标书的核心内容

①监理大纲　详细内容见第3章相关内容。

②监理报价　指监理单位根据工程状况、监理费用等向建设单位的报价。如果监理报价过高，业主相对有限的资金中直接用于工程建设项目上的数额势必减少，对业主来说是得不偿失。但是，监理报价也不能太低。在监理费过低的情况下，监理单位为了维系生计，一方面可能派遣业务水平较低、工资相应也低的监理人员去完成监理业务；另一方面，可能会减少监理人员的工作时间，以减少监理劳务的支出。此外，监理费过低，还会挫伤监理人员的工作积极性，抑制监理人员创造性的发挥。其结果很可能导致工程质量低劣、工期延长、建设费用增加。

5.1.2.3 递送投标文件

投标人应当在招标文件要求提交投标文件的截止时间前，将投标文件送达投标地点。

在招标人收到投标文件后，应当签收保存，不得开启。如果收到的有效投标文件少于3个，招标人应当重新组织招标。

在招标文件要求提交投标文件的截止时间后送达的投标文件，会被视为废标，招标人会拒收。

投标书应当使用专用投标袋并密封，投标袋密封口处必须加盖投标人两枚公章和法定代表人的印鉴，在规定的期限内送达指定地点。

5.1.2.4 签订监理合同

待收到招标人发来的中标通知书后，中标的监理单位应与业主进行合同签约前的谈判，主要就合同专用条款部分进行谈判，双方达成共识后签订合同，建设监理招标与投标即告结束。

5.1.3 园林工程建设委托监理合同的管理

5.1.3.1 园林工程建设委托监理合同管理的概念

园林工程建设委托监理合同简称为监理合同(监理合同示范文本详见附录4)，是委托合同的一种，它是指园林工程建设单位聘请监理单位对工程建设实施监督管理，明确双方的权利和义务的协议。建设单位称为委托人，监理单位称为受托人。

签订监理委托合同应按法定程序进行，另外双方在业务方面的来往信件也是不可忽视的替代物。所签署的合同文件数字应清楚、文字简洁、用词准确、方便执行。

对时间要求特别紧的任务，委托方选择了监理单位之后，在签订委托合同之前，可以通过意向性信件进行交流。

监理单位在合同事务中，要注意充分利用有效的法律服务，因为监理委托合同的法律性、时效性很强，监理单位必须配备这方面的专家。

5.1.3.2 园林工程建设委托监理合同管理的订立与履行

(1)监理委托合同的形式

①正式合同 根据法律要求签字并执行的。

②比较简单的信件或合同 通常是由监理单位提出，委托方签署一份备案，退给咨询监理单位执行。

③由委托方发出监理委托通知单 有时，建设单位(委托方)喜欢采用通过一份份的通知单，把监理单位在争取委托合同时所提建议中的工作内容委托给他们，成为监理单位所接受的协议。

④标准合同 国际上许多咨询监理的行业协会或组织，专门制定了标准委托合同格式或指南，合同格式比较规范。采用通用性很强的标准合同格式，能够简化合同制定的准备工作，可以把一些重要词句简略到最低程度，有利于双方的讨论、交流和统一认识，也易于有关部门的检查和批准，更重要的是标准合同都是由法律方面的专家着手制定的，能准确地在法律概念内反映出双方所要实现的意图。其内容主要有：要求提供的服务范围，报

酬和补偿，支付报酬的方式和进度，常驻代表的权限，对常驻代表权限的有关说明和报酬，特殊条款等。

(2)监理委托合同的主要内容

①签约双方的确认　首项内容通常是合同双方身份的说明，单位名称、性质、地址等。习惯把委托方称为甲方，把监理方称为乙方。

②合同的一般性叙述　通常是用比较固定的"套语"，如"鉴于……"，合同中的许多话(特别是国外合同用得更多)都是从这一词句引出的。可以说一般性叙述是提出"标的"的过渡，在标准合同中这些叙述常常被省略。

③监理单位的义务　合同中以法律语言来叙述义务。一是聘请监理工程师的义务；一是对所委托项目概况进行描述。项目性质、投资来源、工程地点、工期要求、项目规模或生产能力等。

④监理工程师服务内容　对服务内容的描述必须恰如其分。为避免发生合同纠纷，监理工程师准备提供的每一项服务，都应当在合同中详细说明。

⑤服务费用　合同中不可缺少，应具体明确费用额度及其支付时间和方式。如果采用以时间为基础计算方法，不论是按小时，天数或月计算，都要对各个级别的监理工程师，技术人员和其他人员的费用率开列支付明细表。如果采用工资加百分比的计算方法，则有必要说明不同级别人员的工资额，以及所要采用的百分率或收益增殖率等。

常见的费用支付方法有：一是按实际发生额每月支付；二是按双方约定的计划明细按月或按规定的天数支付；三是按实际完成的某项工作的比例支付；四是按工程进度支付。

⑥业主的义务　业主除了应该偿付监理费用外，正常情况下，业主应提供工程项目建设所需要的法律、资金和保险等服务，还有责任创造一定条件使监理工程师更有效地进行工作，比如用房、检测等设备、辅助工作人员等。

⑦保障业主权益的条款　在监理委托合同中要写明保障业主实现意图的条款，通常有：

进度表　注明各部分工作完成的日期，或附有工作进度的计划方案；

保险　为了保障业主利益，可以要求监理单位进行某种类型的保障，或者向业主提供类似的保障；

工作分配权　在未经业主许可或批准的情况下，监理工程师不得把合同或合同的一部分工作分包给别的公司；

授权范围　即明确监理工程师行使权力不得超越这个范围；

终止合同　当业主认为监理工程师所做的工作不能令人满意时，或项目遭到任意破坏时，业主有权终止合同；

工作人员　监理单位必须提供足够的能够胜任工作的工作人员，他们大多数应该是专职人员，对工作人员的工作或行为，如果不能令人满意，就应调离他们的工作；

各种记录和技术资料　在监理工程师整个工作期间，必须做好完整的记录并建立技术档案资料，以便随时可提供清楚，详细的记录资料；

报告　在工程建设的各个阶段，监理工程师要定期向业主报告阶段情况和月、季、年进度报告。

⑧保障监理工程师权益的条款　通常如下：

附加的工作　凡因改变工作范围而委托的附加工作应确定所支付的附加费用标准。

工作延期　合同中要明确规定由于非人力的意外原因(非监理工程师所能控制)或由于业主的行为而造成工作延误，监理工程师应受的保护。

业主引起的失误　合同中应明确规定由于业主未能按合同及时提供资料、信息或其他服务而造成额外费用的支出，应当由业主承担，监理工程师对此不负责任。

业主批复　由于业主工作方面的拖拉，对监理工程师的报告、信函等要求批复的书面材料造成延期，监理工程师不承担责任。

终止和结束　合同中任何授予业主终止合同权力的条款，都应该同时包括对于监理工程师的工作所投入的费用和终止合同所造成的损失应给予合理补偿的条款。

⑨总括条款　比较规范的合同都总括一些包括条款。有些是用以确定签约各方的权利，有些则涉及一旦发生修改合同、终止合同或出现紧急情况的处理程序。国际合同中，常包括地震、动乱、战争等不能履行合同的条款。

⑩签字　合同商签阶段的最后一道程序。业主和监理工程师都签了字，便表明他们已承认双方达成的协议，合同也具有了法律效力。对于监理工程师一方来说，签字的方式将依据其法人情况决定。一般性公司，可以由法人代表或经其授权的代表签字。合伙经营者常常是授权一合伙人，代表合伙组织签字。监理工程师在工作中难免会出现失误，有关责任的承担问题也应在合同中明确规定。

(3)签订监理委托合同应注意的问题

①坚持按法定程序签署合同　监理委托合同的签订，意味着委托关系的形成，委托与被委托方的关系也将受到合同的约束。合同必须是由双方法人代表或经其授权的代表(如建设单位的项目协调人，监理单位的项目总监理工程师)签署并监督执行。

②不可忽视的替代性信件　有时，项目委托的工作量很小，监理单位一般是采用写一封简要的信件来确认与建设单位达成的口头协议。这种将口头协议形成文字的、保证其有效的信件，包括建设单位提出的要求和承诺，也是监理单位承担责任、履行义务的书面证据。

③合同的修改和变更　当出现需要改变服务范围和费用等问题时，监理单位坚持要求修改合同，口头协议或者临时性交换函件等都是不可取的。可采用正式文件、信件协议或委托单等形式。不论采用什么办法，修改之处一定要便于执行，这是避免纠纷，节约时间和资金的需要。

④其他应注意的问题

• 合同文字应简洁、清晰，每个措辞都是经过双方充分讨论，以使双方对相互权利和义务都有确切一致的理解；

• 对时间要求特别紧迫的任务，委托方选择了监理单位之后，在签订委托合同之前，双方可以通过意图性信件进行交流；

• 监理单位在合同事务中，要注意充分利用有效的法律服务；因监理委托合同的法律性很强，监理单位必须配备这方面的专家。

5.1.3.3 园林工程建设委托监理合同的管理

(1)监理服务范围

①建设前期阶段　进行建设项目的可行性研究；参与设计任务书的编制。

②设计阶段　提出设计要求，组织评选计划设计方案；协助选择勘察、设计单位，商签勘察、设计合同，并组织实施；审查设计和概(预)算。

③施工招标阶段　准备招标文件，协助评审投标书，提出决标意见，协助建设单位与承建单位签订承包合同。

④施工阶段

- 协助建设单位与承建单位编写开工报告；确认承建单位选择的分包单位。
- 审查承建单位提出的施工组织设计、施工技术方案和施工进度计划，提出修改意见；审查承建单位提出的材料和设备清单及其所列的规格与质量，并审查材料和设备供应单位的资质。
- 督促、检查承建单位严格执行工程承包合同和工程技术标准。
- 调解建设单位与承建单位之间的争论。
- 检查工程使用的材料、构件和设备的质量，检查安全防护措施，对不合格者提出试验或更换要求。
- 检查工程进度和工程质量，验收分部分项工程，签署工程付款凭证，对严重违反规程者，必要时签发停工通知单。
- 签认隐蔽工程，参与处理工程质量事故，监督事故处理方案的执行。
- 督促整理合同文件和技术档案资料。
- 组织设计单位和施工单位进行工程初步验收，提出竣工验收报告。
- 审查工程结算。

⑤保修阶段　负责检查工程状况，鉴定质量问题责任，督促保修。

(2)建设单位提供的服务

建设单位为监理单位提供的驻地监理使用的设备、设施和生活条件。

(3)监理服务的报酬及支付。

5.2　园林工程实施准备阶段的监理工作内容

园林建设项目实施准备阶段的各项工作是非常重要的，它将直接关系到建设的工程项目是否能优质、低耗和如期完成。有的园林建设工程项目工期延长、投资超支、质量欠佳，很大一部分原因是准备阶段的工作没有做好。在这个阶段中，由于一些建设单位是新组建起来的，组织机构不健全、人员配备不足、业务不熟悉，加上急于要把园林建设工程推入实施阶段，因此往往使实施准备阶段的工作不充分。

园林建设项目建设实施准备阶段包括组织准备、技术准备、现场准备、法律与商务准备，需要统筹考虑、综合安排，对此均应实施监理。

虽然园林建设项目实施准备阶段的监理非常重要，但是目前我国的园林工程建设监理活动主要发生在园林建设工程的施工阶段。因此，这里仅对园林建设项目实施准备阶段的监理做简要的叙述，具体内容见表5-3。

表5-3　园林建设项目实施准备阶段的监理工作内容

分　项	主要内容
(一)建议	为建设单位对园林建设项目实施的决策提供专业方面的建议。主要有： 1. 协助建设单位取得建设批准手续； 2. 协助建设单位了解有关规则要求及法律限制； 3. 协助建设单位对拟建项目预见与环境之间的影响； 4. 提供与建设项目有关的市场行情信息； 5. 协助与指导建设单位做好施工方面的准备工作； 6. 协助建设单位与制约项目建设的外部机构的联络
(二)勘察监理	园林建设工程勘察监理主要任务是确定勘察任务，选择勘察队伍，督促勘察单位按期、按质、按量完成勘察任务，提供满足工程建设要求的勘察成果。其工作内容主要是： 1. 编审勘察任务书； 2. 确定委托勘察的工作和委托方式； 3. 选择勘察单位、商签合同； 4. 为勘察单位提供基础资料； 5. 监督管理勘察过程中的质量、进度及费用； 6. 审定勘察成果报告，验收勘察成果
(三)设计监理	园林建设工程设计监理是工程建设监理中很重要的一部分，其工作内容主要是： 1. 制定设计监理工作计划。当接受建设单位委托设计监理后，就要首先了解建设单位的投资意图，然后按了解的意图开展设计监理工作； 2. 编制设计大纲(或设计纲要)； 3. 与建设单位商讨确定对设计单位的委托方式； 4. 选择设计单位； 5. 参与设计单位对设计方案的优选； 6. 检查、督促设计进行中有关设计合同的实施，对设计进度、设计质量、设计的造价进行控制； 7. 设计费用的支付签署； 8. 设计方案与政府有关规定的协调统一； 9. 设计文件的验收
(四)材料、设备等采购监理	1. 审查材料、设备等采购清单； 2. 对质量、价格等进行比选，确定生产与供应单位并与其谈判； 3. 对进场的材料、设备进行质量检验； 4. 对确定采购的材料、设备进行合同管理，不符合合同规定要求的提出合理索赔
(五)现场准备	主要是拟定计划，协调与外部的关系，督促实施，检查效果
(六)施工委托	1. 商定施工任务委托的方式； 2. 草拟工程招标文件，组织招标工作； 3. 参与合同谈判与签订

5.2.1 园林工程建设项目初期监理工作内容

园林工程建设项目从拟建到论证结束称为准备阶段。监理工作的主要内容包括拟订建设项目建议书，进行项目可行性研究、市场调查和预测，以及建设项目的经济评价等项工作。

5.2.1.1 园林工程建设项目建议书

项目建议书包括以下内容：阐明建设该项目的重要理由，提供有关相应的国民经济发展规划、地区发展规划及国家有关政策等；对建设方案、拟建规模和建设地点的初步设想，可利用的自然资源、建设条件、协作关系等；投资估算及资金筹措方案，预计工期及进度安排，经济效益及社会效益的初步分析。建议书是按照建设项目隶属部门进行编制的。

5.2.1.2 园林工程建设项目可行性研究

(1) 园林工程建设项目可行性研究的意义

一项新的园林工程建设项目的建设往往会带来许多新问题，如资金、交通、劳力市场、人员就业安置、环境保护等。可行性研究的目的是以最少投入而取得最佳经济效益，为项目投资决策提供科学的根据，为项目向银行贷款、与有关部门互签订协议、工程设计，向当地政府和环保部门申请建设执照、安排项目计划和实施方案等提供重要依据。

(2) 园林工程建设项目可行性研究

内容主要包括以下几方面：

- 总论，指拟建工程项目概况包括项目名称、主办单位、工程项目提出背景、投资的必要性和经济意义，调查研究的依据、范围等研究结果概要，目前存在的问题和建议；
- 市场需求和拟建规模、方案、发展方向的经济比较与分析；
- 资源及公共设施条件，项目建设过程中所需要的各种原材料供应情况，如材料的种类、来源、供应地点、数量及签订合同的状况，公共配套设施条件状况等；
- 拟建项目建设条件及地理方案，指拟建项目要求的地理位置等项条件能否满足，如建设项目地址的气象、水文、地质、地形、交通运输及水、电、气等供应情况以及居住条件，场地面积、总体布局、建设条件、现场搬迁及安置规划、选择方案的讨论等；
- 项目设计方案，拟建项目所采用的技术与设计、工艺方案比较及论述；
- 环境保护，拟建项目对周围环境影响的范围和程度等；
- 企业组织、劳动定员和人员培训，拟建项目管理体制、机构设置，对选择方案的论证，劳动定员的配备方案，人员培训计划和费用估算；
- 工程项目实施计划与进度要求，对勘察、设计、工程施工所需时间、整个工程实施计划和进度方案；
- 财务评价和国民经济评价；
- 评价总结，用各种数据，从技术、财务、经济、社会、生态、政治等方面论述拟建项目的可行性、存在问题、建设内容等。

5.2.1.3　园林工程建设项目市场调查和预测

(1) 市场调查的内容

市场调查主要是对拟建项目用途的调查。

(2) 市场预测的内容

市场预测是对生态效益和社会效益的预测。

5.2.1.4　园林工程建设项目的经济评价

建设项目经济评价是在项目决策前可行性研究和评估过程中，采用现代经济分析方法对拟建项目在建设期间和生产期间(计算期)投入、产出诸多因素进行调查、预测、研究、计算和论证，为选择推荐最佳方案提供重要依据。园林工程建设项目经济评价的方法如下。

(1) 定量分析为主，定量分析与定性分析相结合

经济评价要求，对项目建设和生产过程中的经济活动通过费用—效益计算，给出明确的数量概念进行价值判断。为此一切工艺方案、进程方案、环境方案的优劣，都应尽可能地通过计算指标将隐含的经济价值揭示出来。

(2) 以动态分析为主，动态分析与静态分析相结合

动态分析指强调资金时间因素，进行动态的时间价值判断。即将项目建设和生产不同时间段上资金的流入、流出折算成同一时点的价值，变成可加性函数，从而为不同项目或方案的比较提供了基础。

财务评价指标内容主要有：

①静态指标分析法　评价指标包括：投资利润率，投资利税率，借款偿还期，静态投资回收期。

②动态指标分析法　评价指标包括：财务净现值，财务净现值率，财务内部收益率，动态投资回收期，财务外汇净现值。

在具体的分析过程中，要将全过程效益分析与阶段效益分析相结合，以全过程效益分析为主；宏观效益分析与微观效益分析相结合，以宏观效益分析为主；价值分析与实物量分析相结合，以价值分析为主；预测分析与统计分析相结合，以预测分析为主。

5.2.1.5　建设项目风险分析

风险分析也称风险评价，是对处于不准确性环境中的建设项目的建设和生产运营的变化进行定性与定量分析，测算项目的风险指标，评价项目的抗风险能力。一般在评定时进行。

(1) 盈亏分析

盈亏分析是研究建设项目投入成本和利润二者之间的关系，度量项目承受风险的能力。

(2) 敏感性分析

敏感性分析是盈亏分析的深化。它是研究在项目的运行期内，外部环境各主要因素的

变化对建设项目的建设与运行造成的影响，分析建设项目的经济评价指标对主要因素变化的敏感性与敏感方向，确定经济评价指标出现临界值(经济评价指标等于其评价准值)时，各主要敏感因素变化的数量界限，为进一步测量项目评价决策的总体安全性，项目运行承受风险能力等提供定性分析的依据。

(3)概率分析

概率分析主要分析项目净现值的期望值及净现值大于或等于零时的累计概率；另外，也可以通过模拟法测算项目内部收益率等评价指标的概率分布，根据概率分析结果，提出项目评价的决定性意见。

5.2.1.6 设计概算的编制

设计概算是由单位工程概算、单项工程综合概算和建设项目总概算组成的。设计概算的编制，是从单位工程概算这一级编制开始，经过逐级汇总而成。

5.2.2 工程勘察阶段监理工作内容

(1)勘察前的工作

①编审勘察任务书 通过委托设计任务，将编制勘察任务书作为设计前期的内容一并委托。在勘察任务书编制出来后即进行审查，并同时拟定勘察进度计划。

②委托勘察 拟定勘察招标文件，审查勘察单位的资质(即证书等级是否与委托的勘察任务相应)。在选定勘察单位后，即商定合同条件，参与合同谈判。如勘察单位将一部分所承担的勘察任务分包出去，则要通过审查给予确认。在协议或合同签订之后，即与建设单位提出支付定金。

(2)开勘准备

①为勘察单位准备基础资料；

②审查勘察单位提出的勘察纲要。主要审查是否符合合同规定，能否兑现合同要求。在大型或复杂的工程勘察中，要会同设计单位审核。

(3)现场勘察

①进度 人员、设备是否按计划进场；记录进场时间；根据实际的勘察速度预测勘察进度。

②质量 所勘察的项目是否齐全、操作是否符合规范；勘察点线有无偏、错、漏；钻探深度、取样位置及样品保护是否得当；在大型或复杂的工程中，应对内业工作进行检查。

③检查勘察报告 主要检查报告的完整性、合理性、可靠性和实用性，以及对设计施工的满足程度。

④签署勘察费用的支付 根据勘察进度，按合同规定签署支付费用。

(4)勘察成果利用

①签发补勘通知书 当设计、施工中需要某一项勘察成果，而勘察报告中没有反映或勘察任务书没有要求时，则另行签发补勘通知书。但要经建设单位同意增加补勘

的费用。

②协调勘察工作与设计、施工的配合　及时将勘察报告提交设计与施工单位，以作为设计、施工的依据。工程勘察深度要与设计的深度相应。

5.2.3　设计阶段监理工作内容

5.2.3.1　接受建设单位委托设计监理任务

监理单位在接受委托时，先要深入了解建设单位投资的意图，然后与委托的建设单位接触，一方面向建设单位介绍本单位信誉、经验等；另一方面洽谈监理业务意向，分析监理任务、明确监理范围。如达成协议，即进行合同的签订。合同签订后，监理单位即成立项目监理组，确定总监理工程师和各专业监理负责人，明确监理工作重点和工作方式，制订设计监理工作计划和进度计划。

5.2.3.2　设计准备阶段的监理任务

(1)协助建设单位向城市规划部门申请规划设计条件通知书

申请书中简述建设的意图、构思，并附建设项目的批准文件、用地许可证及拟建设项目的地址等。在取得城市规划部门提出的规划设计条件咨询意见表后，即向有关部门咨询承担该项目的配套建设意见，并领取城市规划部门发出的规划设计条件通知(是城市规划部门根据咨询意见综合整理后发出的，内含建设地址、用地范围、用地面积、各单位工程面积、绿化面积比例限额、建筑面积比例限额、建筑物高度及层数、有关规划的设计条件及注意事项)。

(2)协助编制设计纲要

依据已批准的可行性研究报告和选址报告，进行设计纲要的编制。设计纲要内容要阐明园林建设项目性质、功能和建设依据，详细叙述建设项目确切设计要求；介绍项目与社会、环境的关系，以及政府有关部门对该项目的限制条件；介绍建设单位的财务计划限制；说明要求设计的范围与深度和设计进度，以及应交付的设计文件等。

(3)委托设计

委托设计有3种方式，一是直接指定某一设计单位；二是通过设计方案竞赛选择设计单位；三是通过招标委托。较大的园林建设项目通常采用招标方式。采用招标委托方式，监理工程师要制定招标细则，发出招标通知(或广告)，编写招标文件，确定组成人员与评标标准；对投标的设计单位进行资格审查，验证设计资格证书及业务范围是否相应，收集设计单位的资质与信誉及经验情况；组织招标、评标、决标；与中标设计单位进行合同谈判与签订，确认分包设计单位，编写设计任务书。

(4)准备设计需要的基础资料

基础资料是指经批准的设计任务书、规划设计通知书；规划部门批准的地形图、建设总平面图和现状图，当地气象、风向、风祸、雪祸及地震级别、水文地质和工程地质报告；“三废”处理要求及其他要求与限制(如城市规划、控制性详规、绿地系统规划、文物保护、原有地下管线、邻近建筑的特殊要求等)。

5.2.3.3　设计阶段的监理任务

设计阶段的监理任务比较多，主要有：

①参与设计单位的设计方案比选，以优化设计。

②配合设计进度，及时提供设计需要的基础性资料，协调设计与政府有关部门的关系。

③协调各设计单位和各专业设计之间的关系。

④监督检查设计的进度、设计的质量、设计的投资和履行合同的情况。

其监督检查的主要内容包括：

设计进度　首先与设计单位商订出图计划，然后对照计划检查设计单位是否确实有能力保证计划实施。

设计质量　主要检查各专业之间设计成果的配套情况；检查设计图纸的质量及各阶段设计文件，主要检查依据资料的可靠性、数据的正确性，是否与国家标准、规范一致，与设计深度相适应。

投资控制　按专业或分项工程确定投资分配比例，以控制总投资，进行造价估算，预测工程造价与材料价格的趋势(可通过调查，了解当地类似造价水平和类似工程造价的情况，以供预测)，审查概算，签发支付的设计费。

合同管理　检查设计成果、设计深度、设计质量、设计进度的合同履行情况。

⑤设计变更管理　主要审查设计变更的必要性，以及由于变更而在费用、时间、质量、技术等方面的可行性，并考虑需要增加的设计费用问题。

5.2.3.4　设计成果的验收

(1)设计方案的审核

园林建设工程设计方案的审核，一是总体设计方案的审核；二是专业设计方案的审核。

①总体设计方案审核内容　设计依据、设计规模、用地平衡、总体布局、功能景观分区、道路管网、设施配套、建设期限、投资概算等的可靠性、合理性、经济性、美观性、先进性和协调性，是否满足原决策要求的质量目标和水平。

②专业设计方案审核内容　设计方案的各设计参数、设计标准、功能和使用价值方面是否满足安全、美观、经济、适用、可靠等要求。

(2)主要设备、材料清单的审核

主要审核型号、质量要求、数量、产地的适合性，植物材料的适生性。

(3)概预算的审核

审核计算的工程量、取费标准、费债的计算方法等的正确性与合理性。

(4)图纸审核

图纸审核含初步设计图纸、技术设计图纸和施工图的审核。审核初步设计图纸，要检查工程所采用的技术方案是否符合总体方案的要求，以及是否达到项目决策所要求的质量标准、景观效果；审核技术设计图纸，主要审核专业设计是否符合预定的质量标准和要求；审核施工图，要分别对建筑、结构、给排水、电气、供热、采暖、绿化等专业施工图进行审核，看其设计的功能、材料的选择、平面与竖向的布局等是否合理和符合质量要求。

5.2.3.5　设计图纸的交底与会审

图纸的交底与会审是在施工阶段进行的。也就是在施工单位接到施工图以后，组织设计单位作技术交底和组织施工、建设等单位技术人员对设计图纸进行会审。对会审中发现的问题，要责成设计单位修改。

5.2.3.6　设计监理的依据

对园林建设工程设计的监理依据主要有：

- 《公园设计规范》及其他现行的国家颁布的工程设计、工程建设的有关政策、法规、规范与标准；
- 建设项目设计阶段的监理委托合同；
- 批准的可行性研究报告；
- 批准的选址报告；
- 城市规划部门批准的有关文件(包括城市总体规划、城市绿地系统规划等)；
- 建设单位为有关设计阶段提供的工程地质、水文地质的勘察报告；
- 当地的气象、土壤、震灾等自然条件；
- 设计需要的有关资料(具有可依性和法定性)和各种定额。

5.2.4　施工单位招标投标监理工作内容

在建设单位对园林建设工程施工项目实行招标前，项目总监理工程师应协助建设单位做好各项准备工作，并向当地招投标活动主管机构提出招标申请。协助建设单位编制招标文件、招标标底，并组织投标，开标、评标和定标等各项工作。协助建设单位与中标单位签订承包合同，并就该合同条款是否正确反映主要施工监理权限和内容进行审查和提出意见。协助建设单位对分包单位进行资格审查和认可。

5.2.4.1　园林工程建设招投标概述

园林工程建设实行招标投标，有利于开展公平竞争，并推动园林工程行业快速、稳步发展，有利于鼓励先进、鞭策后进，淘汰陈旧、低效的技术与管理办法，使园林工程得到科学有效的控制和管理，使产品得到社会的承认，从而完成施工生产计划并实现盈利。为此，承包单位必须具备一定的条件，才有可能在投标竞争中获胜，为招标单位所选中。这些条件主要是：一定的技术、经济实力和施工管理经验，足以胜任承包任务的能力；效率高；价格合理；信誉良好。

我国园林工程施工招标工作一般由业主(建设单位)负责组织，或者由业主委托工程咨询公司、工程监理公司代理组织。如果业主委托监理单位参加工程项目的施工招标工作，参与招标的监理工程师必须熟悉施工招标的业务工作。

5.2.4.2　园林工程施工招投标监理的工作内容

招投标服务是监理工程师一项很专业化的工作，其工作的好坏直接影响着整个工程的质量、进度和投资，以及施工阶段监理任务的完成。在实行业主责任制的条件下，招标单位即是业主。项目总监理工程师及其监理班子要按照招标方式和程序，帮助业主做好以下工作：

(1)选定招标方式

一般有公开招标、邀请招标两种方式。

①公开招标　由园林工程建设单位通过报刊、广播、电视等新闻媒体，以无限竞争方式公开邀请拟建工程的承建单位参加投标。目的是以公开招聘的形式，将社会上信誉高、资质级别高的承建单位(设计或施工)吸引过来。这些单位在详细了解园林工程建设单位的意图，并对实地进行勘察，听取了监理工程师解答的有关问题后，以标书形式将自己单位对园林工程建设的具体方案详细表达出来(图纸、表格、文字等综合利用)，密封送寄园林工程建设单位。建设单位收到(在规定期限内)这些标书后，邀集各方面的专家(概预算、工程结构、工程施工、工程监理、法律等)依照开标、评标、定标的程序，从中选出较满意的承建单位作为招标对象单位，通过个别审查了解谈判，最后选定中标单位。这种招标方式有利于开展竞争，打破垄断与保护。

②邀请招标　由招标单位向3个以上经过预选有能力承担该工程的承建单位发出邀请书，希望他们参加工程的投标。由于参加投标者是被邀请的，数量少，既可使投标者中标率提高，又可减少投标费用，对招投标双方都有利。其缺点是限制了竞争范围，不太符合自由竞争原则。

监理工程师应根据业主的意愿和工程总进度要求，建议业主采用合适的招标方式。

(2)编制和审核园林工程的招标文件

一般应协助业主做好以下工作：

①编制标底　编制标底是招标的一项重要工作，标底价格是业主赋予建设者的希望价格。当然标底的编制应与市场实际相符。为此，编制标底要注意，应根据实际工程量及国家经济、技术标准定额来编标，标价应由成本、利润和税金组成，一般应控制在批准的总概算内。标底价应考虑人工、材料、台班等价格变动因素及其他社会因素。一个工程只能有一个标底，并经招标办事机构审定，然后密封至开标时间。

标底的编制方法　标底的编制与工程的概、预算编制方法基本相同，但在编制时要尽量考虑以下因素：

- 根据不同的承包方式，考虑适当的包干系数和风险系数；
- 根据现场条件及工期要求，考虑必要的技术措施费；
- 对建设单位提供的价格以暂估价计算，对按实际情况须调整的材料、设备，要列出数量和估价清单；

• 主要材料数量可在定额用量的基础上加以调整，使其反映实际情况。

常用标底编制方法简介

• 以施工图预算为基础：即根据设计图纸和技术说明，按预算定额规定的分部、分项工程子目，逐项计算出工程量，再套用定额单价确定直接费，然后按规定的系数计算间接费、独立费、计划利润以及不可预见费等，从而计算出工程预期总造价，即标底。

• 以概算为基础：即根据扩大初步设计和概算定额计算工程造价形成标底。

• 以最终成品单位造价包干为基础：如园林工程建设中的植草工程、喷灌工程按每平方米面积实行造价包干。具体工程的标底即依此为基础，并考虑现场条件、工期要求等因素来确定。

②编制招标文件　招标文件是建设单位向可能的承包商详细阐明项目建设意图的系列文件的总称，也是投标单位编制投标书的主要客观依据。通常包括下列基本内容：

工程综合说明　包括工程名称、规模、地址、发包范围、设计单位、场地和地基、土质条件、给排水、供电、道路及通讯情况、工期要求等。

设计图纸和技术说明书　目的在于使投标单位了解工程的具体内容和技术要求，并能据此拟定施工方案和进度计划。设计图纸的深度可随招标阶段相应的设计阶段而有所不同。

技术说明书应满足下列要求：

• 必须对工程的要求做出清楚而详尽的说明。使各投标单位都能有共同的理解，能比较有把握地估算出造价；

• 明确招标过程适用的施工验收技术规范，保修期内承包单位应负的责任；

• 明确承包单位应提供的其他服务，诸如监督分包商的工作，防止自然灾害的特别保护措施，安全防护措施等；

• 明确有关专门施工方法及指定材料产地或来源、标准以及可选择的代用品的情况说明；

• 明确有关施工机械设备，临时设施，现场清理及其他特殊要求的说明。

工程量清单和单价

• 工程量清单：这是投标单位计算标价和招标单位确定标底的依据。工程量清单通常以每一个体工程为对象：按分项、单项列出工程数量。工程量清单由封面、内容目录和工程表三部分组成。

• 单价表：这是投标单位采用单价合同承包方式时的报价文件和招标单位评定标底的依据。

合同的主要条款　完整且符合要求的合同条款，既能使投标单位明确中标后作为承包人应承担的义务和责任，又可作为洽商签订正式合同的基础。

其他　要明确提交投标文件的截止时间和方式及开标的地点方式等。

(3) 协助业主单位对投标单位的资质进行审查

审查的主要内容包括营业执照、企业资质等级证书、工程技术人员和管理人员、企业拥有的施工机械设备是否符合承包本工程的要求。同时还要考察其承担的同类工程质量、工期及合同履行情况。审查合格后，通知其参加投标；不合格的通知其停止参加工程招标活动。

(4) 组织招标

①监理工程师协助业主召开标前会议，介绍招标工程的要求内容、合同重点条款，以及发送招标文件等。

②组织投标者勘察现场，处理投标者提出的各种质疑，监理工程师及时传递给业主或给予解答，并进行重要合同条款的补遗或修改等。

③监理工程师在回标以前，要根据工程量清单内容对有关材料价格、设备及安装价格和工艺产品价格进行收集，使得在评标过程中有足够的依据。

自招标文件发出到开标，按国家规定，不得超过半年。

(5) 园林工程招标的开标、评标和定标

①开标　开标应按招标文件中确定的提交投标文件截止时间的同一时间、地点公开进行。开标会议由招标单位的法人或其指定的代理人主持，邀请所有投标人到场，也可邀请上级主管部门及银行等有关单位代表参加。还有的请公证机关派公证员到场。

开标的一般程序如下：

第一，由招标单位工作人员介绍参加开标的各方到场人员和开标主持人，公布招标单位法定代表人证件或代理人委托书及证件。

第二，开标主持人检验各投标单位法定代表人或其他指定代理人的证件、委托书，并确认无误。

第三，宣布评标方法和评标委员会成员名单。

第四，开标时，由投标人或其委派代表检查投标文件的密封情况，也可由招标人委托公证机构检查并公证。经确认无误后，由工作人员当众拆封，宣读投标单位名称，投标价格和投标文件的其他主要内容。开封过程应当记录，并存档备查。

第五，启封标箱，开标主持人当众检查启封标书。如发现无效标书，经半数以上的评委确认，当场宣布无效。

按我国现行规定，有下列情况之一者，投标书宣布无效：标书未密封；无单位和法定代表人或其他指定代理人的印鉴；未按规定格式填写标书，内容不全或字迹模糊，辨认不清；标书逾期送达；投标单位未参加开标会议。

第六，按标书送达时间或以抽签方式排列投标单位唱标次序，各投标单位依次当众予以拆封，宣读各自投标书的要点。

第七，当场公开标底。如全部标书的报价都超过标底规定的上、下限幅度时，招标单位可宣布全部报价为无效报价，招标失败，另行组织招标或邀请协商。此时暂不公布标底。

②评标　评标的原则是公正合理、一视同仁、公平竞争。评标委员会由招标人代表、技术和经济方面的专家5人以上组成，成员总数应为单数，其中技术经济专家不得少于成员总人数的2/3。召集人由招标单位法定代表人或其指定代理人担任。

评标在开标后立即进行，也可随后进行。一般应对各投标单位的报价、工期、主要材料用量、施工方案、工程质量标准和工程产品保修养护的承诺以及企业信誉度进行综合评价，为选优确定中标单位提供依据。

常用的评标方法如下：

接近标底法 以报价为主要尺度，选报价最接近标底者为中标单位。

加减综合评分法 以报价为主要指标，以标底为评分基数，如定为50分。合理报价范围为标底的±5%，报价比标底每增减1%扣2分或加2分。超过合理标价范围的不论上下浮动，每增减1%都扣3分。其他为辅助指标，满分分别为工期15分、质量标准15分、施工方案10分、实力与社会信誉10分。每一投标单位的各项指标分值相加，总分最高者为中标单位。

定性评议法 以报价为主要尺度，其他因素作为定性分析评议。这种方法主观随意性大，现已很少应用。

③定标 评标委员会按评标办法对投标书进行评审后，应提出评标报告，推荐中标单位，经招标单位法人认定后报上级主管部门同意，当地招投标管理部门批准后，由招标单位按规定在有效时期内发中标和未中标通知书，要求中标单位在规定期限内签订合同。未中标单位退还招标文件，领回投标保证金，招标即告圆满结束。

监理工程师应协助业主做好以下工作：

- 将招标过程的全部情况整理出一份报告，提供给业主，使其在定标的时候清醒地回顾招标过程；同时，监理人员从专业角度列出所有投标承包商的优势与不足，以及对工程项目可预见的各种情况和困难，使得业主客观地选择最合适的承包商。
- 当业主已有定标意向后，监理工程师即要协助业主准备正式合同文件。监理工程师的工作重点就在于针对不同工程的特点审核合同的条款是否清楚明了，合同的责任是否重复和遗漏，尽可能避免今后争议和索赔。
- 中标单位确定之后，业主和监理单位要向中标单位发出中标通知书，并与之商签工程建设合同，在合同没有签订前，任何条款均可协商和修改，但监理工程师必须使业主利益免受较大损害。

开标到定标的时间，小型园林工程不超过10天，大中型园林工程不超过30天。中标的标准应是：方案最优，进度最快，报价合理，单位信誉高。参加评标的人员应包括各方面的专家，打分前要安排充分时间讨论，在主要问题上基本一致时再打分。本着客观、公正的原则将最优方案和最佳单位评选出来。

中标单位确定后，一般情况下招标单位应在7天内给中标单位发送中标通知书。中标通知书发出30天内，中标单位应与招标单位签订工程承包合同。

5.2.5 现场调查工作内容

园林建设工程开工前，监理工程师必须对有关工程项目进行充分的现场调查，从而掌握现场的情况。需要调查的内容有：

(1)现场边界线的确认

工程一开工，现场条件就会产生变化，因此即便是边界线较明确也应及时与邻接单位、土地占有者、有关部门、合同的业主取得联系，以便进行确认。

(2)场地周围设施的调查

要确认场地周围道路的管理单位，地下埋设物(上下水道、煤气、电气电缆、电话电缆、通讯电缆、共用沟等)。地上各种设施(各种检查井、电线杆、电话杆、各种标志、护栏，邮筒等)及现状树等的位置、数量并绘制调查事项的平(剖)面实测图。

对于需要保护、拆迁、暂时拆迁或拆除的设施要协助业主与有关单位联系，并采取措施。

(3)周围道路的调查

通过调查了解道路宽度、道路可借用的宽度；路面材质情况；道路的交通流量情况、道路法规(通行时间、车辆限制、载重限制、停车限制等)，有无迂回路，以研究材料运入、运出时间和长大件、重件、大型机械对运输的影响等。特别对没有干线道路的现场要调查运输线路上的道路情况(含桥梁、人行桥等)，并与道路管理单位及所在地区的公安局协商，共同确认使用条件、时间、维护管理、补强加固、修复、交通安全等各项事宜。

(4)相邻建筑物的调查

要尽可能调查相邻建筑物、构筑物、地下构筑物的资料(建设时期、构造、规模、基础状况、桩的种类及直径、长度、方法)及所用施工方法与施工结果，从中选择可供参考的资料。

有时工程施工可能给相邻建筑物带来损伤，出现这种情况时，就会出现索赔及对相邻建筑物进行补强加固等要求。因此在开工前，应与相邻建筑物所有者进行协商，对建筑物的原状进行调查，并拍成带比例的照片，绘制实测图，并预先相互确认建筑物的原状。

(5)位于海岸、湖岸、河岸的场地

调查高低潮的水位，过去的洪水高潮及台风受害记录，作业时间的风速、风向等。

(6)气候及风土人情的调查

调查风向、风速、雨量、冻胀深度等以及当地的风土人情。

(7)场地内埋设物及地下障碍物的调查

由于不少城市的市区都进行了再开发，但对已拆除的建筑物基础、地下构筑物、桩及管线等有时还不太清楚，需要认真地调查。方法有挖深坑、实测和拍照等，并做记录。此外，对战时的军事用地更要周密调查。对已构成妨碍施工的地下构筑物在调查清楚、做出记录后，与有关单位、部门协商采取清除措施。

(8)工程用水、排水的调查

首先要确认施工高峰时的用水量，然后调查供水能力及高水位的水压是否充分，最大排水量是多少，而排水能力有多大，可否直接排水等。需要打井供水时，注意遵守有关地下水开发的法规。当使用自来水时，必须考虑施工现场大量用水时所需供水管直径的选择。一些工程还应调查是否存在山洪冲击的情况。如有，应采取相应措施。

(9)工程用动力电的调查

首先要编制施工现场的用电计划，若满足不了工程高峰的最大用量的容量时，要事先采取措施，以免影响工程施工。

(10)周围地区的特殊条件调查

要了解施工现场相邻建筑物的用途(如住宅、医院、学校、商店等)，尽量避免施工对相邻建筑物使用者的不利影响，同时避免施工现场周围的特殊条件可能对工程施工产生的不利影响。

(11)材料供应情况调查

了解建材市场、苗木市场行情，对各种材料的供应状况(品种、规格、数量、价格等)进行调查。

◇案例

案例5-1 监理合同

某业主计划将拟建的工程项目在实施阶段委托某监理公司进行监理，业主在监理合同草案中提出以下内容：

1. 除非因业主原因发生时间延误，任何时间延误监理单位应付相当于施工单位罚款的20%给业主，如工期提前，监理单位可得到相当于施工单位工期提前奖励20%的奖金。

2. 工程图纸出现设计质量问题，监理单位应付给业主相当于设计单位设计费5%的赔偿。

3. 施工期间每发生1起施工人员重伤事故，监理单位应交罚款1.5万元，发生1起死亡事故，监理单位交罚款3万元。

4. 凡由于监理工程师发生差错、失误而造成重大的经济损失，监理工程师应付给业主一定比例(取费费率)的赔偿费，如不发生差错、失误，则监理单位可得到全部监理费。

经过双方的商讨，对合同内容进行了调整与完善，最后确定了工程建设监理合同的主要条款，包括：监理的范围和内容、双方的权利和义务、监理费的计取与支付、违约责任和双方约定的其他事项等。

【问题】

1. 该监理合同是否已包括了主要的条款内容?

2. 在该监理合同草案中拟订的几个条款中是否有不妥？为什么?

3. 如果该合同是一个有效的经济合同，它应具备什么条件?

【分析】

1. 在背景材料中给出，双方对合同内容商讨后，约定合同中包括了监理范围和内容、双方权利和义务、监理费的计取与支付，违约责任和双方约定的其他事项等内容。根据建设部737号文《工程建设监理规定》中对监理合同内容的要求，该合同包含了应有的主要条款。

2. 合同草稿中拟定的几条均不妥：

首先，监理工作的性质是服务性，监理单位“将不是，也不能成为任何承包商的工程的承保人或保证人”，将设计、施工出现的问题与监理单位直接挂钩，与监理工作的性质不适宜。

其次，监理工程师应是与业主和承包商相互独立的、平等的第三方，为了保证其独立性与公正性，我国建设监理法规文件明文规定监理单位不得与施工、设备制造、材料供应等单位有隶属关系或经济利益关系，在合同中若写入以上条款，势必将监理单位的经济利益与承建商的利益联系起来，不利于监理工作的公正性。

第三，第3条中对于施工期间施工单位施工人员的伤亡，业主方并不承担任何责任，监理单位的责、权、利主要来源于业主的委托与授权，合同中业主并不承担责任而要求监理单位承担，也是不妥的。

第四，在《工程建设监理规定》中规定“监理单位在监理过程中因过错造成重大经济损失的，应承担一定的经济责任和法律责任”。但在合同中应明确写明责任界定，如“重大经济损失”的内涵、监理单位赔偿比例等。

3. 若该合同是一个有效的经济合同，应满足以下基本条件：

(1) 主体资格合法。即业主和监理单位作为合同双方当事人，应当具有合法的资格。

(2) 合同内容合法。内容应符合国家法律、法规，真实表达双方当事人的意思。

(3) 订立程序合法，形式合法。

案例5-2　资格审查与工程索赔

建设单位对某综合办公楼工程项目通过公开招标方式选定了承包商。签订合同时，建设单位为了约束承包商能保证工程质量，要求承包商支付了30万元人民币的定金。建设单位与承包商双方在建设工程施工合同中对工程预付款、工程质量、工程价款、工期和违约责任等均做了具体约定。

施工合同履行时，在基础工程施工中碰到地下有大量文物，使整个工程停工12天；主体工程施工中由于施工机械出现故障，使进度计划中关键线路上的部分工作停工18天。两次停工承包商均及时向监理工程师提出了工期索赔申请，并提出了施工记录。

【问题】

1. 招标时对承包商的资质审查的内容主要有哪些？

2. 定金与预付款有何区别？

3. 监理工程师判定承包商索赔成立的条件是哪些？

【分析】

1. 对承包商资质审查的内容有：企业营业执照和资质证书、人员素质、设备和技术能力、财务状况、工程经验、企业信誉等。

2. 定金与预付款的区别：

(1) 目的不同。定金是为了证明合同的成立和确保合同的履行；而预付款是为了解决承包商在工程准备和材料准备中的资金问题。

(2) 性质不同。定金是担保形式，是法律行为；而预付款是一种惯例，是约定俗成的习惯，不是法律行为。

(3) 处理不同。定金视合同履行情况有不同的法律后果：①合同正常履行，定金返还；

②合同不履行，双方都无过错，定金返还；③支付定金一方不履行合同，无权获得定金返还；④收取定金一方不履行合同，双倍返还定金。而预付款在工程进度款中按比例以扣还的方式归还。

3. 监理工程师判定承包商索赔成立的条件：

(1)承包商受到了实际损失或损害；

(2)损失不是承包商的过错造成的；

(3)损害不是承包商应承担的风险造成的；

(4)承包商在合同规定的索赔时限内提出。

◇实践教学

实训 5-1　园林工程监理大纲的编制

一、实训目的

结合某实际工程，通过实训，使学生能够规范地编制园林工程监理大纲。

二、实训要求

每个小组独立完成一份规范、详尽的园林工程监理大纲。

三、实训材料

提供一份××市公园绿化景观工程的工程监理招标文件。

四、实训内容

(1)监理单位拟派往项目上的主要监理人员；

(2)监理方案；

(3)监理阶段性成果等。

五、实训方法

通过查找资料，分小组编制监理大纲。

六、实训成果

一份园林工程监理大纲。

实训 5-2　园林工程监理规划的编制

一、实训目的

结合某实际工程，通过实训，使学生能够规范地编制园林工程监理规划。

二、实训要求

每个小组独立完成一份规范、详尽的园林工程监理规划。

三、实训材料

提供一份××市公园绿化景观工程的工程资料。

四、实训内容

(1)工程概况；

(2)监理工作范围、目标和依据；

(3)监理工作内容、方法和措施；

(4)监理组织机构、人员配备、岗位职责；

(5)监理工作制度、工作程序；

(6)监理设施。

五、实训方法

通过查找资料，分小组编制监理规划。

六、实训成果

一份园林工程监理规划。

◇思考题

1. 园林工程建设项目实施准备阶段的监理工作内容有哪些?
2. 园林工程建设监理示范合同包括哪些内容?
3. 试比较园林工程建设监理的招投标和施工单位的招投标监理有何异同。
4. 园林工程建设设计阶段的监理工作内容有哪些?重点是什么?

单元6　园林工程建设施工阶段监理

◇学习目标

【知识目标】

(1) 掌握园林工程施工合同监理的内容。

(2) 了解施工图的监理工作内容。

(3) 掌握施工组织设计的审查内容。

(4) 掌握园林工程建设施工阶段质量监理的主要任务和内容。

(5) 掌握园林工程建设施工阶段进度监理的主要任务和措施。

(6) 掌握园林工程建设施工阶段投资监理的主要内容。

【技能目标】

(1) 能够分析处理园林工程施工合同的内容。

(2) 能够分析审查施工图的可操作性。

(3) 能够编制园林工程施工组织设计书。

(4) 能够编制园林工程质量控制计划书。

(5) 能够编制园林工程进度控制计划书。

(6) 能够编制园林工程投资控制计划书。

6.1　园林工程施工合同监理

6.1.1　园林工程施工合同

园林工程施工合同是指发包人与承包人之间为完成商定的园林工程施工项目，确定双方权利和义务的协议。依据工程施工合同，承包方完成一定的种植、建筑和安装工程任务，发包人员应提供必要的施工条件并支付工程价款。

园林工程施工合同具有以下显著特点：

(1)合同目标的特殊性

园林工程施工合同中的各类建筑物、植物产品，其基础部分与大地相连，不能移动。这就决定了每个施工合同中的项目都是特殊的，相互间具有不可替代性。植物、建筑所在地就是施工生产场地，施工队伍、施工机械必须围绕建筑产品不断移动。

(2)园林工程合同履行期限的长期性

在园林工程建设中植物、建筑物的施工，由于材料类型多，施工前期准备工作量大，耗时长，且合同履行期又长于施工工期，而施工工期是从正式开工之日起计算的，因此，在园林工程施工合同签订时，工期需加上开工前施工准备时间和竣工验收后的结算及保修期的时间，特别是对植物产品的养护工作需要更长的时间。此外，在工程的施工过程中，还可能因为不可抗力、工程变更、材料供应不及时等原因而导致工期顺延。

(3) 园林工程施工合同内容的多样性

园林工程施工合同除了应具备合同的一般内容外，还应对安全施工、专利技术使用、发现地下障碍和文物、工程分包、不可抗力、工程设计变更、材料设备的供应、运输、验收等内容做出规定。在施工合同的履行过程中，除施工企业与发包人的合同关系外，还应涉及与劳务人员的劳动关系、与保险公司的保险关系、与材料设备供应商的买卖关系、与运输企业的运输关系等。所有这些，都决定了施工合同的内容具有多样性的特点。

(4) 园林工程合同监督的严格性

由于园林工程施工合同的履行对国家的经济发展、人民的工作、生活和生存环境等都有重大影响，因此，国家对园林工程施工合同的监督是十分严格的。具体体现在以下几个方面：

①对合同主体监督的严格性　园林工程施工合同的主体一般只能是法人。发包人一般只能是经过批准进行工程项目建设的法人，必须为国家批准的建设项目，落实投资计划，并且应当具备相应的协调能力；承包人则必须具备法人资格，而且应当具备相应的从事园林工程施工的经济、技术等资质。

②对合同订立监督的严格性　考虑到园林工程的重要性和复杂性，在施工过程中经常会发生影响合同履行的纠纷。因此，园林工程施工合同应当采用书面形式。

③对合同履行监督的严格性　在园林工程施工合同履行的纠纷中，除了合同当事人及其主管机构应当对合同进行严格的管理外，合同的主管机关(工商行政管理机构)、金融机构、建设行政主管机关(管理机构)等，都要对施工合同的履行进行严格的监督。

6.1.2　园林工程施工合同的签订

6.1.2.1　签订园林工程施工合同应具备的条件

- 初步设计已经批准；
- 工程项目已经列入年度建设计划；
- 有能够满足工程施工需要的设计文件和有关技术资料；
- 建设资金已经落实；
- 招标工程的中标通知书已经下达。

6.1.2.2　签订园林工程施工合同的程序

在签订合同时，应该遵循一定的法律法规、计划，遵照相互平等、自愿、公平和诚实信用的原则。

(1) 签订合同的阶段

园林工程施工合同作为合同的一种，其订立也应经过要约和承诺两个阶段。

①要约　是指合同当事人一方向另一方提出订立合同的要求，并列出合同的条款，以

及限定其在一定期限内做出承诺的意思表示。它表现在要约规定的有效期限内，要约人要受到要约的约束，受约人若按时完全接受要约条款，要约人负有与受约人签订合同的义务。否则，要约人对由此造成受约人的损失应承担法律责任。

要约具有法律约束力，须具备以下4个条件：

- 要约是特定的合同当事人的意思表示；
- 要约必须是要约人与他人以订立合同为目的的；
- 要约的内容必须具体、确定；
- 要约经受约人承诺，要约人即受要约的约束。

②承诺　是指当事人一方对另一方提出的要约，在要约有效期限内，做出完全同意要约条款的意思表示。承诺要具有法律约束力，必须具备以下3个条件：

- 承诺须由受约人做出；
- 承诺的内容应与受要约的内容完全一致；
- 承诺人必须在要约有效期限内做出承诺，并送达要约人。

(2)签订合同的方式

园林工程施工合同签订的方式有两种，即直接发包和招标发包。

依据招标投标法的规定，中标通知书发出30天内签订合同工作必须完成。签订合同人必须是中标施工企业的法人代表或委托代理人。投标书中已确定的合同条款在签订时一般不得更改，合同价应与中标价相一致。如果中标施工企业在规定的有效期限内拒绝与建设单位签订合同，则建设单位可不再返还其投标时在投资银行的保证金。建设行政主管部门或其授权机构还可视情况给予一定的行政处罚。

6.1.2.3　园林工程施工合同的示范文本

园林工程施工合同协议书是园林工程施工合同示范文本的主要内容，它规定了当事人双方最主要的权利和义务，规定了组成合同的文件及合同当事人履行合同义务的承诺，并要求合同当事人在这份文件上签字盖章，具有法律效力。

协议书的内容包括工程概况、工程承包范围、合同工期、质量标准、合同价款、组成合同的文件及双方的承诺等。一般包括通用条款、专用条款和工程施工合同文本附件三部分。

(1)通用条款

园林工程施工合同中的通用条款是根据《中华人民共和国合同法》(以下简称《合同法》)等法律对承发包双方的权利义务做出的规定，除双方协商一致对其中的某些条款做了修改、补充或取消外，双方都必须履行。它是根据双方协商条款编写出来的一份完整的园林建设工程施工合同文件。

(2)专用条款

园林工程施工合同专用条款是考虑到园林建设工程的内容各不相同，工期、造价也随之变动。承、发包商各自的能力，施工现场的环境条件也各不相同。通用条款不能完全适用于各个具体园林工程，必须对其作必要的修改和补充，但是所形成的通用条款和专用条款要成为双方统一意愿的体现。专用条款的条款号应与通用条款相一致，并由当事人根据工程的具体情况予以明确或者直接对通用条款进行修改、补充。

(3)附件

园林工程施工合同文本的附件则是对施工合同当事人的权利义务的进一步明确，并使得施工合同当事人一目了然，便于执行和管理。

6.1.3 园林工程施工合同的履行、变更

6.1.3.1 园林工程施工合同的履行

(1)合同履行的概念

园林工程施工合同履行是指合同当事人双方依据合同条款的规定，行使各自享有的权利，并承担各自负有的义务。合同履行是《合同法》的核心内容，也是合同当事人订立合同的根本目的。当事人双方在履行合同时，必须全面地、善始善终地履行各自承担的义务，使当事人的权利得以实现，从而为各社会组织之间的生产经营及其他交易活动的顺利进行创造条件。

(2)园林工程合同履行的原则

依照《合同法》的规定，合同当事人双方应当按照合同约定全面履行自己的义务，包括履行义务的主体、标底、数量、质量、价款或报酬以及履行的方式、地点、期限等，都应当按照合同的约定全面履行。在履行过程中，双方当事人应该遵守诚实信用、公平合理、不得擅自单方变更合同原则。

6.1.3.2 园林工程施工合同的变更

(1)合同变更的概念

合同变更是指合同依法订立后，在尚未履行或尚未完全履行时，当事人依法经过协商，对合同的内容进行修改或调整所达成的协议。合同变更时，当事人应当通过协商，对原合同的部分内容条款做出修改、补充或增加。例如，对原合同中规定的标底数量、质量、履行期限、地点和方式、违约责任、解决争议的办法等做出变更，当事人对合同内容变更取得一致意见时方为有效。

(2)合同变更的法律规定

《合同法》规定："当事人协商一致，可以变更合同。"法律、行政法规规定变更合同应当办理批准、登记手续的，依照其规定办理。当事人因重大误解、显失公平、欺诈、胁迫或乘人之危而订立的合同，受损害一方有权请求人民法院或者仲裁机构做出变更或撤销合同中的相关内容的决定。

(3)必须遵守的法定程序

《合同法》、行政法规规定变更合同应当办理批准、登记等手续，必须依据其规定办理。因此，当事人要变更有关合同时，必须按照规定办理批准、登记手续，否则合同的变更不发生效力。

6.1.4 园林工程施工合同的管理

6.1.4.1 园林工程施工合同管理的任务

(1)建立开发现代化的园林工程施工市场

为了形成高质量的园林工程施工的市场模式，必须培育合格的市场主体，建立市场价格机制，强化市场竞争意识，推动园林工程项目招标投标，确保工程质量，严格履行园林工程施工合同。

(2)努力推行法人责任制、招标投标制、工程监理制和合同管理制

园林工程建设管理者必须学会正确运用合同管理手段，为推动项目法人负责制服务；监理工程师依据合同实施规范性监理，落实工程招标与合同管理一体化的科学管理，实现园林工程施工市场经济发展和促进社会进步的统一。

(3)全面提高园林工程建设管理水平，培育和发展园林工程市场经济

工程合同管理贯穿于园林工程施工市场交易活动的全过程，众多园林工程施工合同的履行，是建立一个完善的园林工程施工市场的基本条件。因此，加强园林工程施工合同管理，全面提高工程建设管理水平，必将在建立统一的、开放的、现代化的、机制健全的社会主义园林工程施工市场经济体制中发挥重要的作用。

6.1.4.2 园林工程施工合同管理的措施和方法

(1)园林工程施工合同管理的措施

①健全园林工程合同管理法规，依法管理　在园林工程建设管理活动中，要使所有工程建设项目从可行性研究开始，到工程立项申报、工程项目招标投标、工程建设承发包，直至工程建设项目施工和竣工验收等一系列活动全部纳入法制轨道，就必须增强发包商和承包商的法制观念，保证园林工程建设项目的全部活动依据法律和合同。

②建立和发展有形园林工程市场　建立完善的市场经济体制，发展园林工程发包承包活动，必须建立和发展有形的园林工程市场(能够及时收集、存储和公开发布各类园林工程信息)，以便于政府有关部门行使调控、监督的职能。

③完善园林工程合同管理评估制度　它是保证有形的园林工程市场的重要保证，又是提高我国园林工程管理质量的基础，也是发达国家经验的总结。

加入 WTO 后的全球化进程要求我们尽快建立完善这方面的制度，使我国的园林工程合同管理评估制度符合合法性、规范性、实用性、系统性和科学性要求，保证人们运用客观规律进行有效的合同管理，实现与国际惯例的接轨。

④推行园林工程合同管理目标制　园林工程合同管理目标制是指工程项目管理机构和管理人员为实现预期的管理目标和最终目的，运用管理职能和管理方法对工程合同的订立和履行施行管理活动的过程。其过程主要包括：合同订立前的目标制管理、合同订立的目标制管理、合同履行中的目标制管理和减少合同纠纷的目标制管理等。

⑤园林工程合同管理部门必须严格执法　在培育和发展我国园林工程市场的初级阶

段，具有法制观念的园林工程市场参与者，要学法、懂法、守法，依据法律、法规进入园林工程市场，签订和履行工程建设合同，维护自身的合法权益。而合同管理部门，对违反合同法律、行政法规的事件应从严查处。

由于园林工程市场周期长、流动广、艺术性强、资源配置复杂以及生物性等特点，依法治理园林市场的任务十分艰巨。在工程合同管理活动中，合同管理部门严肃执法的同时，应该运用动态管理的科学手段，实行必要的“跟踪”监督，以提高工程管理水平。

(2)园林工程施工合同管理的方法

园林工程施工合同管理是一项复杂而广泛的系统工程，必须采用综合管理的手段，才能达到预期目的，其常用的方法如下：

①普及合同法制教育，培训合同管理人才　监理工程师必须认真学习和熟悉必要的合同法律知识，以便合法地参与园林工程市场活动。发包单位和承包单位应当全面履行合同约定的义务，不按照合同约定履行义务的，依法承担违约责任。这就要进行合同法制教育，通过培训等形式，培养合格的合同管理人才。

②设立专门合同管理机构并配备专业的合同管理人员　建立切实可行的园林建设工程合同审计工作制度，设立专门合同管理机构，并配备专业的管理人员，以强化园林建设工程合同的审计监督，维护园林工程建筑市场秩序，确保园林建设工程合同当事人的合法权益。

③积极推行合同示范文本制度　积极推行合同示范文本制度，是贯彻执行《合同法》，加强建设合同监督，提高合同履约率，维护园林建筑市场秩序的一项重要措施。一方面有助于当事人了解、掌握有关法律、法规，使园林工程合同签订符合规范，避免缺款少项和当事人意思表达不真实，防止出现显失公平和违约条款；另一方面便于合同管理机关加强监督检查，也有利于仲裁机构或人民法院及时裁判纠纷，维护当事人的合法权益，保障国家和社会公共利益。

④开展对合同履行情况的检查评比活动，促进园林工程建设者重合同、守信用　园林工程建设企业应牢固树立“重合同，守信用”的观念。在开拓园林工程建设市场的活动中，园林工程建设企业为了提高竞争能力，应该认识到“企业的生命在于信誉，企业的信誉高于一切”。

⑤建立合同管理的计算机信息系统　在数据收集、整理、存贮、处理和分析等方面，建立工程项目管理中的合同管理系统，可以满足决策者在合同管理方面的信息需求，提高管理水平。

⑥借鉴和采用国际通用规范和先进经验　我国加入 WTO 后园林工程承发包活动的国际性更加明显。国际园林工程市场吸引着各国的业主和承包商参与活动，这就要求我国的园林工程建设项目的当事人学习、熟悉国际园林工程市场的运行规范和操作惯例，为进入国际园林工程市场而努力。

6.2　施工图管理

施工图是园林工程施工的主要依据，因此在工程施工中，必须严格依图施工。由于工程承包合同中同时也对设计文件的提供、变更、归档做出一些规定，因此就需要对施工图加强管理；此外，施工图管理也是项目管理的一个重要内容和有效手段，对质量、进度、投资控制起到重要作用。委托建设监理的园林建设工程，监理工程师要注意施工图的管理工作。

作为现场的监理工程师对施工图进行管理，必须抓住以下两方面工作：

①督促设计单位按照合同的规定，及时提供一定数量、配套的施工图，并规定施工图交接中有健全的手续，图纸的目录及数量均由双方签字。

②组织图纸的会审与技术交底。图纸会审是施工者在熟悉图纸过程中，对图纸中的一些问题和不完善之处，提出疑点和合理化建议，设计者对所提的疑点及合理化建议进行解释或修改，以使施工者了解设计的意图和减少图纸的差错，从而提高设计质量。

技术交底是工程施工之前，设计者向参与施工的人员进行技术交底。使施工者对设计的一些特点做到心中有数，从而在施工技术或施工工艺方面能予以配合。技术交底可以多层次进行，一般由设计单位技术负责人向施工单位技术主要负责人交底，然后由后者向工长交底，再由工长向班组长、工人交底。设计图纸的技术交底是由监理工程师组织的，但监理工程师主要检查技术交底制度是否健全，他们应参加一些重要工程的技术交底会议，而不替代设计单位进行具体的技术交底工作。

6.3 施工组织设计的审查

施工组织设计是由施工单位负责编制的，是选择施工方案、指导和组织施工的技术经济文件。施工单位可以根据自己的特长和工程要求，编制既能发挥自己特长，又能保证建设工程顺利施工的施工组织设计。如果施工组织设计质量欠佳，就不能达到指导施工的作用。为此，监理工程师要对施工单位编制的施工组织设计进行审查。

6.3.1 施工组织设计的主要内容

①工程概况　主要指园林建设工程建设概况，如建设单位、建设地址、工程性质、工程造价、工期等，此外还含有主要建筑物的建筑设计及建筑结构的概况。

②施工条件　主要指建设场地的地形、地貌、地质、土壤状况、气象条件；交通运输条件；物资供应条件；水、电、路、场地以及周围环境等。

③施工部署及施工方案　施工部署即对整个建设项目全局性的战略意图；施工方案是单位工程或某分项工程的施工方法，并通过施工方案技术经济分析，从中选出一个最佳方案。

④施工进度计划及各种物资、材料供应计划。

⑤施工平面图。

⑥主要施工技术及组织措施　包括保证工程质量、降低工程成本以及安全施工的技术措施和组织措施。

⑦主要技术经济指标　如劳动力均衡性指标、劳动生产率、机构化程度、机械利用

率、用工量、工程质量优良率等。施工组织设计的技术经济指标可反映施工水平的高低。

6.3.2 施工组织设计审查的内容

对施工组织设计的审查包括以下内容：

①是否符合国家或地方颁发的有关法规以及技术规范和标准。

②是否符合工程承包合同的规定。

③是否具有可操作性，如审查施工组织设计安排的施工顺序时，就要审查其是否符合客观存在的施工技术和施工工艺要求。

④是否符合应遵守的原则。

⑤是否与选择的施工方法、与采用的施工机械相协调。

⑥是否考虑了施工组织和保证工程质量的要求；整个工程建设是否有健全的质量保证体系和质量责任制。

⑦是否考虑了当地气象条件；是否符合安全施工要求。

⑧是否在一切重大措施中及各个施工方案中考虑了保证质量这一重要前提。

⑨施工进度安排是否合理和综合平衡。

⑩对工程使用材料、设备是否有严格的检验制度。

⑪是否有严格的竣工验收检查制度。

6.4 园林工程建设施工阶段质量监理

工程质量是决定工程建设成败的关键因素，也是进行园林工程建设监理三大控制目标(质量、进度、投资)的重点。

6.4.1 园林工程质量特点

(1)主体的复杂性

园林工程构成复杂，介于建筑工程、简单的道路工程和种植绿化工程之间。在规划设计时，牵扯的专业范围广泛，设计单位多；工程施工时，施工单位多；产品质量评定验收的规范多(有些规范甚至没有现成的，还需要进行适当的变通)。园林作品一般由咨询单位、设计承包商、施工承包商、材料供应商等来共同完成，假若某一方面出了问题，会影响到工程的最终质量。

(2)影响质量的因素多

影响质量的主要因素有决策、设计、材料、人、工作方法、机械设备、自然环境、管理制度等，这些在施工过程或工程成品后都会影响到工程项目质量。

(3)产生错误判断的概率大

园林工程项目施工过程中，由于隐蔽工程多，取样数量受到各种因素、条件的限制，很容易将不合格的产品判为合格品(如大树移植、草坪栽植，当时看是成功的，但植物经过一段时间的生长，可能会出现生长不良或死亡等现象)，这种错误判断的概率是工业产品的2倍左右，这对工程安全度是极为不利的。

(4)容易产生质量波动

园林工程产品的生产没有固定的流水线和自动线，环境多变。在技术操作时，有些技术随具体环境而发生变化。如树木栽植时，整地方式、栽植坑规格大小、栽植时土的回填方法和土质、土壤的理化性质、植物栽植后浇水量和次数的多少等应该依据具体的环境而变化。在施工时甚至没有相同规格和相同功能的产品，容易产生质量波动。

(5)质量检验时不能解体、拆卸

园林工程项目建成后，不可能再拆卸或解体开来检验内在的质量。即使发现质量问题，也不可能实行包换、退款等。同时，工程受环境影响大，如绿化工程中栽植的树木、花卉、草坪等当时不错，若遇到一场强降温或高温、暴雨或干旱、发生病虫害等可能前功尽弃。

(6)质量要受投资、进度的制约

质量目标、进度目标和投资目标三者之间既相互对立又相互统一。任何一个目标的变化，都必将影响到其他两个目标。如栽植植物对季节有要求，错过了季节，会影响栽植、种植的效果，影响工程质量；而在栽植季节，若资金不到位，会影响工程的质量和进度。

6.4.2 影响园林工程建设项目质量的因素

园林工程建设项目施工是一种物质生产活动，影响工程产品质量的因素有：人、材料、方法、机械及环境5个方面。

(1)人的控制

在控制过程中，首要是控制承包商的资质，即对参与工程建设的设计单位、施工单位、安装单位等资质条件(指承包单位的项目管理、总工程师及经济、会计、统计等主要管理人员的素质与能力)进行审查；然后对操作人员(其技术资质与条件)进行审核，只有经过审查认可后，方可上岗操作。对于一些特殊作业、工序、检验和试验人员，有时还要进行考核或必要的考试、评审，进行评定，发给相应的资格证书或上岗证明，要求他们持证上岗。

(2)材料的控制

材料(包括原材料、成品、半成品、构配件等)的质量控制从采购、加工制造、运输、装卸、进场、存放、使用等方面进行系统的监督与控制。材料质量控制的内容主要如下：

①材料质量标准　掌握材料的质量标准，便于可靠地控制材料和工程质量。例如，在园林绿化工程中要严把植物材料关，监理工程师应督促施工单位按设计图纸采购苗木，并在苗木进场前对苗木名称、规格、数量、产地及检疫单进行验收，对不符合规格的苗木一律清退。

②材料质量的检(试)验　材料质量检验方法如下：

书面检验　对提供材料质量保证资料、试验报告等进行审核，取得认可方能使用。

外观检验　对材料品种、规格、标志、外形尺寸、质地等进行直观检查，看其有无质量问题。

理化检验　借助试验设备和仪器对材料样品的化学成分、力学性能等进行科学鉴定，植物种类和品种、规格，生长好坏(生长势、病虫害等)质量问题请相应专家进行鉴定。

无损检验　在不破坏材料样品的前提下，利用超声波、X射线、表面探伤仪等进行检测。

③材料质量检验程度　根据材料信息和保证资料的具体情况，质量检验程度分为免检、抽检、全检验3种。

④材料质量检验项目　检验包括一般检验项目和其他检验项目。一般检(试)验项目为通常进行的检验项目，其他检验项目为根据需要进行的检验项目。如水泥一般要进行标准稠度、凝结时间、抗压和抗折强度检验，若是小窖水泥，还应进行安定性检验；植物材料要进行种类、成活率、生长势、形状(如株形、干形、冠形)、根系、病虫害方面检验和检查，植物种子要进行种子品质鉴定。

⑤材料的选择和使用要求　针对工程特点，根据材料的性能、质量标准、适用范围和对施工要求等方面进行综合考虑，慎重地选择和使用材料。在对此材料的控制过程中要注意对材料的采购、制造质量，依据相应的设计文件和图纸、有关标准进行控制；对材料的进场验收、现场存放条件等要严格检查；现场配置材料要在现场检查、监督、检验和试验；对于购买回的材料在使用时要检查认证。

(3)方法的控制

①审查施工组织设计或施工计划，以及施工质量保证措施。

②审查施工方案，对施工方案审查的主要内容包括：施工顺序的安排，施工机械设备的选择，主要项目的施工方法，质量评定标准等。

(4)施工机械的控制

施工机械设备控制的重点是机械设备的选择。机械设备的选择，应本着因地制宜、因工程制宜，技术上先进、经济上合理、生产上适用、性能上可靠、使用上安全、操作上方便和维修方便等原则。操作人员必须认真执行各项规章制度，严格遵守操作规程，防止出现安全质量事故。

(5)环境因子的控制

在众多影响工程项目质量的环境因素中，重点对以下几个方面进行控制：现场自然环境条件(工程技术环境)方面，如现场工程地质、水文、气象等条件；施工作业环境(劳动环境)方面指水、电或动力供应、施工照明、安全防护设备、施工场地空间条件和通道，以及交通运输和道路条件等。

6.4.3　园林工程施工阶段建设项目质量控制的实施

园林工程项目质量控制按其实施者不同，由三方面组成：

其一，业主方面的质量控制——工程建设监理的质量控制，是外部的、横向的控制。

其二，政府方面的质量控制——政府监督机构的质量监督，是外部的、纵向的控制。

其三，承建商方面的质量控制——承建商在施工过程中的质量控制，是内部的、自身的控制。

(1) 园林工程项目质量控制过程

在工程质量控制过程中，应遵循以下原则：坚持质量第一；坚持以人为控制的核心；坚持以预防为主；坚持质量标准；贯彻科学、公正、守法的职业规范。监理人员在监控和处理质量问题的过程中，应该尊重事实，尊重科学，客观公正，不持偏见，遵纪守法，严格要求，秉公监理。

划分的方法不同，控制阶段的划分也不同。一般常见的是按工程实体质量形成过程的实践阶段划分，一般分为：事前控制、事中控制和事后控制，具体内容如图6-1所示。

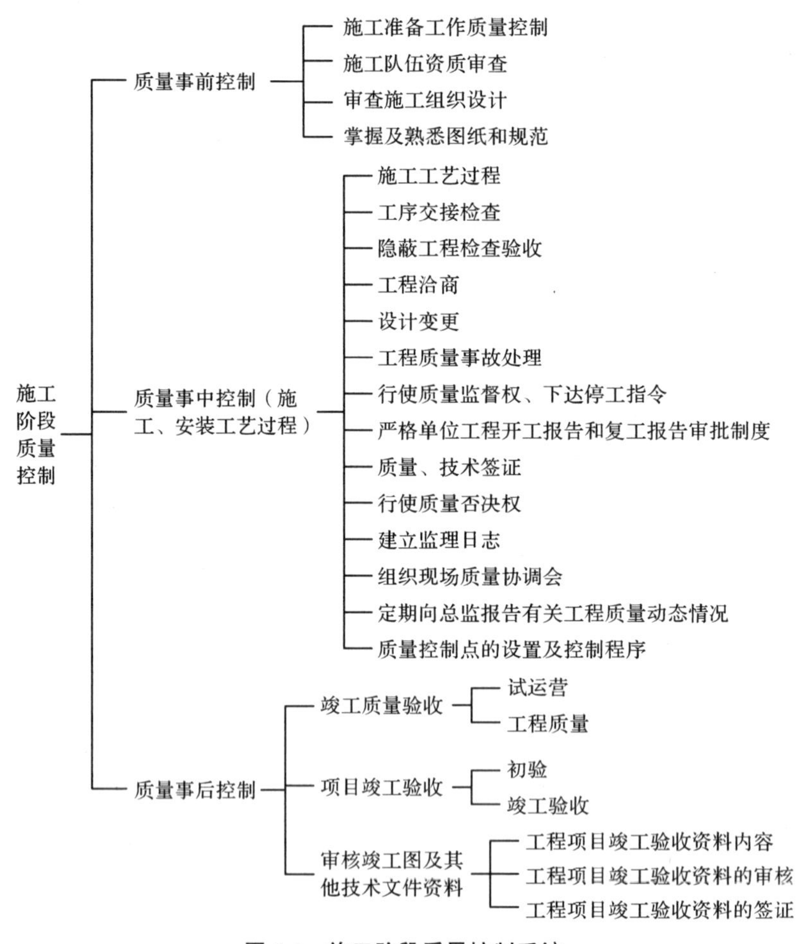

图6-1 施工阶段质量控制系统

以上3个控制阶段中，工程质量的控制重点在事前控制和事中控制。

(2) 园林工程项目质量控制方式

一个委托监理的园林建设工程，如果属于全程监理，则监理工程对质量的控制就要从项目可行性研究开始，贯穿项目规划、勘察、设计和施工的全过程。工程进入施工准备阶段，监理工程师要对施工图实行管理和对施工组织设计进行审查；对工程拟采购的材料、设备清单进行审查、认可；对施工的人员、设备及拟采用的施工技术方案进行监督检查和审定。

当工程进入施工阶段，监理工程师对质量控制方式主要有以下两种：

①督促承建单位健全质量保证体系　施工企业应建立健全质量保证体系，才能使建设的工程项目每一道工序，每一个分项、分部工程，每一单位工程均处于控制之中。因此监理工程师应特别注意参加建设的各个承建单位的质量保证体系是否健全。

②严格依据标准和合同规定进行检查　监理工程师按照委托合同的要求对工程质量进行检查，每一个分项工程乃至分项工程中某些重要工序，都要接受监理工程师的检查，只有经过监理工程师检查确认后，方能进行下一个分项工程或下一道工序的施工。未经监理工程师检查确认的，监理工程师可在承建单位提出的付款申请书上拒绝签证。

(3)质量监理的组织与职责

监理人员对施工质量的监理，除需在组织上健全，还必须建立相应的职责范围与工作制度，使监理人员明确在施工质量控制中的主要职责。一般规定的职责有：

• 负责检查和控制工程项目的质量，组织单位工程的验收，参加施工阶段的中间验收。

• 审查工程使用的材料、设备的质量合格证和复检报告，对合格的给予签证。

• 审查和控制项目的有关文件：如承建单位的资质证件、开工报告、施工方案、图纸会审记录、设计变更，以及对采用的新材料、新技术、新工艺等的技术鉴定成果。

• 审查月进度付款的工程数量和质量。

• 参加对承建单位所制订的施工计划、方法、措施的审查。

• 组织对承建单位的各种申请进行审查，并提出处理意见。

• 审查质量监理人员的值班记录、日报。一方面作为分析汇总用；另一方面作为编写分项工程的周报使用。

• 收集和保管工程项目的各项记录、资料，并进行整理归档。

• 负责编写单项工程施工阶段的报告，以及季度、年度工作计划和总结。

• 签发工程项目的通知以及违章通知和停工通知。

停工通知是监理人员的一项权力及控制质量的一个重要手段，但在使用中应慎重。如出现下列情况之一者，可发出停工通知：

• 隐蔽工程未经监理人员检查验收即自行封闭掩盖。

• 不按图纸或说明施工，私自变更设计内容。

• 使用质量不合格的材料，或无质量证明，或未经现场复检的材料。

• 施工操作严重违反施工验收规范的规定。

• 已发生质量事故，未经分析处理即继续施工。

• 对分包单位的资质不明。

• 工程质量出现了明显的异常情况，但在原因不明又没有可靠措施情况下继续施工的。

6.4.4 园林工程施工阶段监理工程师的质量控制依据和内容

6.4.4.1 施工阶段质量监理的依据

(1)共同性依据

共同性依据是指适用于施工阶段质量控制，有普遍指导意义和必须遵守的基本文件。它们包括：工程承包合同文件，设计文件，国家和政府有关主管部门颁布的关于质量管理方面的法律、法规性文件。

(2)专门性技术法规及标准

专门性技术法规及标准主要是针对不同行业、不同的质量控制对象而制定的技术法规性文件，这类文件包括有关的标准、规范、规程和规定。

它们通常可以分为以下几类：

①工程项目质量检验评定标准，如《建筑工程质量检验评定标准》《城市绿化工程施工及验收规范》等。

②有关工程材料、半成品和构配件质量控制方面的专门技术规定。

③控制施工工序质量等方面的技术法规。这类技术法规有关于园林工程作业方面的操作规程，如园林绿化工程中草坪种栽植、大树移植和土壤处理、植物种子检验等规范，园林土建工程中土方工程、筑山工程、理水工程等的规范。

④凡采用新工艺、新技术、新方法的工程，事先应进行试验，应有权威部门的技术鉴定书及有关的质量数据、指标等，并在此基础上制定有关的质量标准和施工工艺规程。

6.4.4.2 施工过程中的质量控制内容

(1)对承包商的质量控制工作的监控

对承包商的质量控制系统(如质量保证体系等)进行监督，使其在质量管理中发挥良好的作用；监督与协助承包商完善工序质量控制，将影响工序质量的因素都纳入质量管理范围；要求承包商对重要和复杂的部位或工序作为重点，设立质量控制点，加强监控。

(2)在施工过程中进行质量跟踪监控

①跟踪监控　在施工过程中监理工程师要进行跟踪监控，监督承包商的各项工程活动，注意承包商在施工准备阶段中对影响工程质量的各方面因素所作的安排，以及在施工过程中是否发生了不利于保证工程质量的变化。

②严格工序间的交接检查　对主要工序作业和隐蔽作业，要按有关规范要求由监理工程师在规定的时间内检查、确认其质量合格后，才能进行下道工序。

③建立施工质量跟踪档案　施工质量跟踪档案记录承包商在进行工程施工过程中的各种质量控制实施活动，还包括监理工程师对这些质量控制活动的意见以及承包商对这些意见的答复，它记录了工程施工阶段质量控制活动的全过程。

(3)对设计变更的控制

在工程施工过程中，无论是业主、承包商或是设计单位提出的工程变更或图纸修改，都应通过监理工程师审查并组织有关方面研究，确认其必要性后，由监理工程师发布变更指令方能生效予以实施。

(4)施工过程中的检查验收

对工序产品和重要的工程、部位及专业进行检查、验收。

(5)处理已发生的质量问题或质量事故

在施工过程中发生质量事故后，需收集事故处理的相关资料，如与事故有关的施工图；与施工有关的资料(如材料测试报告和施工记录)；事故调查分析报告(事故情况，事故性质，事故原因，事故评估，事故涉及人员与主要责任者的情况)；设计、施工和使用单位对事故的意见和要求等。

(6)下达停工指令来控制施工质量

在出现下列情况下，监理工程师有权行使质量控制权，下达停工令，及时进行质量控制。

①施工中出现质量异常情况，经提出后，施工单位未采取有效措施，或措施不力未能扭转这种情况者。

②隐蔽作业未经依法查验合格，而擅自封闭者。

③已发现质量问题事故，迟迟未按监理工程师要求进行处理，或者是已发生质量缺陷或事故，迟迟未按监理工程师要求进行处理，或者是已经发生质量缺陷，如不停工，质量缺陷或事故将继续发展的情况下。

④未经监理工程师审查同意，而擅自变更设计或修改图纸进行施工者。

⑤未经技术资质审查的人员或不合格人员进入现场施工。

⑥使用的原材料、构配件不合格或未经检查确认，或擅自采用未经审查认可的代用材料者。

⑦擅自使用未经监理单位审核认可的分包商进场施工。

6.4.4.3　对分包商的管理

对分包商的质量控制是保证工程施工质量的一个重要环节和前提，因此，监理工程师应对分包商的资质进行严格控制。

(1)对分包商资质的审批

①承包商选定分包商后，应向监理工程师提出申请审批分包商的报告。报告内容包括：关于分包工程的情况，明确分包工程的范围、内容及分包工程的价值；关于分包商的基本情况，如企业简介、技术实力、监理业绩、财务情况等；关于分包合同、协议情况。

②监理工程师审查承包商提交的申请审批分包商的报告，主要审查分包商是否具有按工程合同额定的条件完成分包工程的能力。

③对分包商进行核实，主要核实承包商的申请是否属实，是否需要等。

(2)对分包商的管理

①严格执行监理程序　分包商进场后，监理工程师亲自或指令承包商向分包商交代各项监理程序，并要求分包商严格执行。

②鼓励分包商参加工地会议　分包商是否参加工地会议一般由承包商决定。需要时，监理工程师可向承包商提出，要求分包商参加工地会议以便加强对分包商的管理和控制。

③检查分包商的现场工作情况　检查重点在以下3个方面：分包商的设备使用情况；分包商的施工人员情况；工程质量是否符合工程承包合同规定的标准。

④对分包商的制约与控制　为了保证工程质量和减少由于分包商不规范的施工行为所带来的损失，监理工程师可通过以下手段和指令，对分包商进行有效的制约与控制。具体做法有：停止施工、停止付款及其取消分包资格等。

6.4.4.4　监理工程师对质量的处理

任何园林建设工程在施工中，都或多或少存在程度不同的质量问题。因此监理工程师一旦发现有质量问题时就要立即进行处理。

(1)处理的程序

首先对发现的质量问题以质量单形式通知承建单位，要求承建单位停止对有质量问题的部位或与其有关联的部位的下道工序施工。承建单位在接到质量通知单后，应向监理工程师提出《质量问题报告》，说明质量问题的性质及其严重程度、造成的原因，提出处理的具体方案。监理工程师在接到承建单位的报告后，即进行调查和研究，并向承建单位提出《不合格工程项目通知》，做出处理决定。

(2)质量问题处理方式

监理工程师对出现的质量问题，视情况分别作以下决定：

①返工重做　凡是工程质量未达到合同条款规定的标准，质量问题也较严重或无法通过修补使工程质量达到合同规定的标准，在这种情况下，监理工程师应该做出返工重做的处理决定。

②修补处理　工程质量某些部分未达到合同条款规定的标准，但质量问题并不严重，通过修补后可以达到规定的标准，监理工程师可以做出修补处理的决定。

(3)质量问题处理方法

监理工程师对质量问题处理的决定是一项较复杂的工作，因为它不仅涉及工程质量问题，而且还涉及工期和工程费用的问题。因此，监理工程师应持慎重的态度对质量问题的处理做出决定。为此，在做出决定之前，一般采取以下方法，使处理决定更为合理。

①试验验证　即对存在质量问题的项目，通过合同规定的常规试验以外的试验方法做进一步的验证，以确定质量问题的严重程度。并依据试验结果，进行分析后做出处理决定。

②定期观察　有些质量问题并不是短期内就可以通过观测得出结论的，而是需要较长时间的观测。在这种情况下，可征得建设单位与承建单位的同意，修改合同，延长质量责任期。

③专家论证　有些质量问题涉及技术领域较广或是采用了新材料、新技术、新工艺等，有时往往根据合同规定的规范也难以决策。在这种情况下可邀请有关专家进行论证。监理工程师通过专家论证的意见和合同条件，做出最后的处理决定。

(4) 园林工程监理工程师进行工程质量监理的手段

①履行合同　监理单位与监理人员依据签订的合同进行管理以保证工程质量。

②旁站监理　即监理人员在承建单位施工期间，全部或大部分时间是在现场，对承建单位的各项工程活动进行跟踪监理。在监理过程中一旦发现问题，便可及时指令承建单位予以纠正。

③见证监理　指监理人员在现场监督某项工序全过程完成情况的监督活动。

④巡视监理　指监理人员对正在施工的部位或工序在现场进行的定期或不定期的监督活动。

⑤平行检查　由监理机构监理人员利用一定的检查或检测手段，在施工单位自检的基础上，按照一定的比例独立进行检查或检测的活动。

⑥测量　测量贯穿了工程监理的全过程。开工前、施工过程中以及已完的工程均要采用测量手段进行施工的控制。因此在监理人员中应配有测量人员，随时随地通过测量控制工程质量，并对承建单位送上的测量放线报验单进行查验并予以结论。

⑦试验　对一些工程项目的质量评价往往以试验的数据为依据。采用经验的方法、目测或观感的方法来对工程质量进行评价是不允许的。

⑧严格执行监理的程序　在工程质量监理过程中，严格执行监理程序。例如，按合同规定，开工申请单未经监理工程师批准的项目就不能施工，未经承建单位自检的质量验收报告监理工程师可拒绝对工程的计量和验收。

⑨指令性文件　按国际惯例，承建单位应严格履行监理工程师对任何事项发出的指示。监理工程师的指示一般采用书面形式，因此也称为“指令性文件”。在对工程质量监理中，监理工程师应充分利用指令性文件对承建单位施工的工程进行质量控制。

⑩拒绝支付　监理工程师对工程质量的控制不是像质量监督员采用行政手段，而是采用经济手段。监理工程师对工程质量控制的最主要手段，就是以计量支付确认。承建单位工程款项的支付，要经监理工程师确认并开具证明。

以上 10 种手段，是监理工程师在工程质量监理中经常采用的，有时是单独采用，有时同时采用其中的几种。在施工现场中，应用最多的是巡视监理、平行检查和旁站监理。

6.4.4.5　园林工程施工工序的质量控制

(1) 工序质量控制的内容和要点

①工序质量控制的内容　对工序质量监控有两方面内容。

工序活动条件的监控：工序活动条件的控制包括两方面：一是施工准备方面的控制，也就是在施工前，对“人、机、料、法、环”的控制；二是施工过程中对工序活动条件的控制，在施工过程中，对投入的物料等的质量特性指标进行检查控制。

工序活动效果的控制：主要是指对工序活动的产品采取一定的检测手段，进行检验，根据检验结果分析、判断该工序活动质量，从而实现对工序质量的控制。

②工序活动质量控制的要点　确定工序质量控制计划；完善质量体系和质量检查制度；进行工序分析，分清主次，重点监控；对工序活动实施跟踪动态控制；设置工序活动

的质量控制点进行预控。

(2)质量控制点的设置

质量控制点是指为了保证工序质量而确定的重点控制对象、关键部位或薄弱环节，设立质量控制点。

可作为质量控制点重点控制的对象如下：

①人的行为，物的状态，材料的性能与质量；

②施工过程中的关键工序、关键环节和隐蔽工程，如喷泉水池地基处理等，在苗木栽植时树坑挖的大小；

③施工顺序及其质量不稳定的工序；

④对后续工程影响大的关键工序操作和技术间歇，如大树移植时树根土球包扎；

⑤新工艺、新材料、新技术、新方法应用的部位和环节；

⑥施工上无足够把握的、施工条件困难的或技术难度大的工序或环节，对质量影响大的施工方法；

⑦特殊地基和特种结构，如建筑物地基处理过程，小品的造型。

见证点和停止点是对于重要程度不同及监督控制要求不同的质量控制对象的一种区分方式，实际上它们都是质量控制。在规定的见证点和停止点工序施工前，施工单位应提前通知监理人员在约定的时间内到现场进行施工监督，如果监理方未在约定时间到现场监督、检查，施工单位应停止进入该待检点相应的施工，并按合同规定等待监理方，未经认可不能越过该点继续活动。

(3)施工过程中的质量检查

监理人员在施工过程中，必须加强现场的监督与检查，重点在以下几方面进行质量监督和检查。

①施工过程中的旁站监督和现场巡视检查　在施工过程中，监理人员必须加强对现场的巡视、旁站监督与检查，及时发现违章操作和不按设计要求、不按施工图纸施工等现象要及时进行纠正和严格控制。在施工过程中严格实施技术复核制度，技术复核工作的主要内容为隐蔽工程的检查验收，工序间交接检查验收等。

②执行对成品的质量保护　在工程项目施工过程中，有些分项工程已经完成，而其他分项工程尚未完成。在这种情况下，承包商必须负责对已完成的分项工程采取措施予以保护。保护的方法有防护、包裹覆盖、封闭、合理安排施工顺序。

6.4.5 园林工程建设质量的安全控制

6.4.5.1 质量事故的处理

(1)工程质量事故的概念

根据我国有关质量、质量管理和质量保证方面的国家标准的定义，凡工程产品质量没有满足其规定的标准，就称为质量不合格；而没有满足其预期的使用要求或合理的期望(包括与安全性有关的要求)，则称之为质量缺陷。在建设工程中通常所称的工程质量缺陷，一般是指工程不符合国家或行业现行有关技术标准、设计文件及合同中对质量的要求。由于工程质量不合格和质量缺陷，而造成或引发经济损失、工期延误或危及人的生命和社会正常秩序的事件，称为工程质量事故。

(2) 工程质量事故的原因

①违反基本建设程序　如可行性研究不充分，违章承接建设项目，违反设计顺序和施工顺序等。

②工程地质勘察失误或地基处理失误　工程地质勘察失误或勘测精度不足，导致勘测报告不详细、不准确，甚至错误，不能准确反映地质的实际情况，因而导致严重质量事故。

③设计方案和设计计算失误　在设计过程中，忽略了该考虑的影响因素，或者设计计算错误，是导致质量重大事故的祸根。

④材料及制品不合格　不合格工程材料、半成品、构配件的使用，必然导致质量事故或留下质量隐患。

⑤施工与管理失控　这是造成大量质量事故的常见原因。其主要问题有：不按图施工，不遵守施工规范规定，施工方案和技术措施不当，施工技术管理制度不完善及其施工人员有问题(如施工技术人员数量不足，技术业务素质不高或使用不当，施工操作人员培训不够，素质不高，对持证上岗的岗位控制不严，违章操作)等。

(3) 工程质量事故处理程序

①当发现工程出现质量缺陷或事故后，监理工程师首先应以《质量通知单》的形式通知施工单位，并要求停止有质量缺陷部位和与其有关联部位及下道工序施工，需要时，还应要求施工单位采取防护措施。同时，要及时上报有关部门。

②施工单位接到质量通知单后，在监理工程师的组织与参与下，尽快进行事故的调查，写出调查报告。

调查报告的内容主要如下：

- 与事故有关的工程情况；
- 质量事故的详细情况，如质量事故发生的时间、地点、部位、性质、现状及发展变化情况等；
- 事故调查中有关的数据、资料；
- 质量事故原因和性质的分析与判断，检查分析是结构性问题，还是一般性问题；是内在的实质性的问题，还是表面外观的问题；是否需要及时处理，是否需要采取临时保护性措施；
- 事故评估，应阐明该质量事故对于建筑物功能、使用要求、结构受力性能及施工安全有何影响，并应附有实测、验算数据和试验资料；
- 事故处理及缺陷补救的建议方案与措施；
- 事故涉及的有关人员和主要责任者的情况等；
- 设计、施工以及使用单位对事故的意见和要求。

③在事故调查的基础上进行客观分析，正确判断事故原因。监理工程师组织设计、施

工建设单位等各方参加事故原因分析。

④在事故原因分析的基础上，研究制订出事故处理方案。制定事故处理方案的原则：安全可靠，不留隐患，满足建设项目的功能和使用要求，技术可行，经济合理。若一致认为质量缺陷不需专门的处理，必须经过充分的分析、论证。

⑤确定处理方案后，由监理工程师指令施工单位按既定的处理方案实施对质量缺陷的处理。

⑥在质量缺陷处理完毕后，监理工程师应组织有关人员对处理的结果进行严格的检查、鉴定和验收，完成《质量事故处理报告》，提交业主或建设单位，并上报有关主管部门。《质量事故处理报告》主要包括以下内容：

- 工程质量事故的情况；
- 质量事故的调查与检查情况，包括调查的有关数据、资料；
- 质量事故原因分析；
- 质量事故处理的依据；
- 质量缺陷处理方案及技术措施；
- 实施质量处理中的有关原始数据、记录、资料；
- 对处理结果的检查、鉴定和验收；
- 结论意见。

(4)质量事故处理的结论

质量事故检查和鉴定的结论可能有以下几种：事故已排除，可继续施工；隐患消除，结构安全有保证；经修补、处理后，完全能够满足使用要求；基本满足使用要求，但使用时应有附加的限制条件，如限制荷载等；对耐久性的结论；对建筑物外观影响的结论等；对短期难以做出结论者，可提出进一步观测、检验的意见。

对于处理后符合规定要求和能满足使用要求的，监理工程师可予以验收、确认。

6.4.5.2 施工安全措施审核及施工现场安全控制

在施工过程中如果不重视安全生产，往往会发生重大伤亡事故，不仅使工程不能顺利进行，而且会给建设单位及承建单位带来很大损失和在社会上造成不良影响。

(1)安全控制的主要内容

①控制施工人员的不安全行为　人的不安全行为有生理上的、心理上的和行动上的不安全，必须根据人的生理和心理特点合理安排和调配适合的工作，预防不安全行为。

②控制物的不安全状态　物的不安全状态，主要表现在设备、装置的缺陷，作业场所的缺陷，物资危险源三方面。施工人员使用和接触的各类材料、工具、设施、设备，不仅要保持良好的状态和技术性能，还应该操作简便、灵活可靠，并且具有保护操作者免受伤害的各类防护和保险装置。

③防护作业环境　自然环境方面如辐射、强光、雷电、风暴、浓雾、高低温、洪水、高压气体、火源、干旱等要有一定的防护措施，才能进行作业。

(2)施工现场安全控制

①监理工程师在施工现场进行安全控制的任务　施工前安全措施的落实检查；安全工

程师必须在施工前到现场将施工平面图的安全措施计划与施工现场情况进行比较，指出存在问题，并督促安全措施的落实。

施工过程中的安全检查：发现施工过程中不安全行为和不安全状态，消除事故隐患，落实整改措施，防止事故伤害，改善劳动条件。

②在施工中常见的施工安全控制措施　包括高空施工安全措施、施工用电安全措施及爆破施工安全控制措施。

③预防安全事故的方法　施工过程中进行安全检查，其常用的方法有一般检查方法和安全检查表法。

一般方法　常采用看、听、嗅、问、测、验、析等方法。

安全检查表法　通过事先拟定的安全检查明细表或清单，对安全生产进行初步的诊断和控制。

6.5　园林工程建设施工阶段进度监理

对一个园林建设项目的施工进度进行控制，使其能顺利地在合同规定的期限内完成，也是监理工程师的主要任务之一。因为园林建设工程项目，特别是一些商业性、经营性、娱乐性或对环境有较大影响的园林建设项目，如果能在预定期限内完成，可使投资效益更快更充分地发挥。作为一个监理工程师，在工程监理中，对工程质量、工程投资和工程进度都要控制，这3个方面是对立统一的关系。在一般情况，如进度加快就需要增加投资，也可能影响工程质量。但如果严格控制质量，不发生质量事故及不出现返工，又会加快工程进度。为此，监理工程师为使这3个目标均能控制得恰到好处，就要全面考虑，系统安排。

控制工程项目进度不仅是施工进度，还应该包括工程项目前期的进度，但由于目前我国实行的建设监理多是工程实施阶段中的监理，因此着重内容是如何控制工程施工进度。

工程项目进度控制是一个系统工程，它是要按照进度计划目标和组织系统，对系统各个方面行为进行检查，以保证目标的实现。为此，工程项目进度控制主要任务是：检查并掌握实际进度情况；把工程项目的实际进度情况与计划目标进行比较，分析进度较计划提前或拖后的原因；决定应该采取的相应措施和补救方法；及时调整计划，使总目标能得以实现。监理工程还应经常向建设单位提供有关工程项目进度的信息，协助建设单位确定进度总目标。

6.5.1　影响园林工程施工进度的因素

通常影响园林建设工程项目施工进度的因素有以下几个方面：

(1)相关单位进度的影响

影响施工进度计划实施的不仅是承建单位，而往往涉及多个单位，如设计单位、物料供应单位以及与工程建设有关的运输部门、通信部门、供电部门等。

(2)设计变更因素的影响

一个园林建设工程在施工过程中，会经常遇到设计变更。设计变更往往是实施进度计划的最大干扰因素之一。

(3)材料物资供应进度的影响

施工中往往发生需要使用的材料不能按期运抵施工现场，或运到现场后发现其质量不符合合同规定的技术标准，从而造成现场停工待料，影响施工进度。

(4)资金的影响

施工准备期间，往往需要动用大量资金用于材料的采购、设备的订购与加工，如资金不足，必然影响施工进度。

(5)不利施工条件的影响

工程施工中，往往遇到比设计和合同条件中所预计的施工条件更为困难的情况，这些情况一旦出现，务必会影响工程进度。

(6)技术原因的影响

技术原因往往也是造成工程进度拖延的一个因素。特别是承建单位对某些施工技术过低估计难度或对设计意图及技术规范未全领会而导致工程质量出现问题，这些都会影响工程施工进度。

(7)施工组织不当的影响

由于施工现场多变，常会因劳动力或机具的调配不当而造成对工程进度的影响。

(8)不可预见因素的影响

如施工中出现恶劣天气、自然灾害、工程事故等将影响工程进度。

按照干扰的责任及其处理，又可将影响因素分为两大类：工程延误(由于承包单位自身的原因造成的工期的延长)，工程延期(由于承包单位不可控制的原因造成施工期的延长)。

6.5.2 进度控制的方法、措施和主要任务

(1)进度控制的方法

①行政方法　利用行政地位或权力，通过发布进度指令，进行指导、协调、考核，利用激励手段来监督、督促等方式进行进度控制。

②经济方法　有关单位利用经济手段对进度进行制约和调控。如在合同中写明工期和进度的条款，通过招标、投标的进度优惠条件鼓励承包商加快施工进度，业主通过工期提前奖励和延期惩罚条款实施对进度控制等。

③技术管理方法　监理工程师的规划、控制和协调。在进度控制过程中，确定工程项目的总进度目标和分进度目标，并进行计划进度与实际进度的比较，发现问题，及时采取措施进行纠正。

(2)进度控制的措施

①组织措施　落实项目监理班子中进度控制部门的人员，并进行人员任务和管理职责分工；进行项目分解并建立编码体系；确定进度协调工作制度，包括协调会议举行的时

间，协调会议的参加人员等；对影响进度目标实现的干扰和风险因素进行分析。

②技术措施　根据工程项目的规模和实际条件，采用网络计划、流水作业方法和施工作业计划体系，扩大同时作业的施工工作面，采用高效能的施工机械设备，采用施工新工艺、新技术、缩短工艺过程和工序间的技术间歇时间。

③合同措施　利用主体结构及各专业项目发包合同，在合同期间对整个工期及各阶段工期进行控制和协调，认真核实工期索赔；分清各方应承担的责任、风险及正当理由的索赔工期。

④经济措施　在承包合同中，应包括对承包商提前或拖延工期的奖励和罚款条款，对某些特殊要求应急的项目或分部工程，可适当提高单价，确保资金及工程款项及时供应和支付。

⑤信息管理措施　通过计划进度与实际进度的动态比较，定期地向建设单位提供比较报告。针对变化采取对策，定期地、经常地调整进度计划。

(3)进度控制的任务与内容

①工程项目施工阶段进度控制的主要任务　编制施工总进度计划并控制其执行；编制施工年、季、月实施计划并控制其执行等。

②工程项目施工阶段进度控制的主要内容　进度控制的内容随参与建设的各主体单位不同而变化，这是因为设计、承包、监理等各自都有其进度控制目标。

在工程项目施工阶段监理工程师进度控制的主要内容如下：

- 进行环境和施工现场调查和分析，编制项目进度规划和总进度计划，编制准备工作详细计划并控制其执行；
- 签发开工通知书；
- 审核总承包单位、分承包单位及供应单位的进度控制计划，并在其实施过程中，通过履行监理职责，监督、检查、控制、协调各项进度计划的实施；
- 通过审批承包单位的进度付款，对其进度施工动态控制。妥善处理承包单位的进度索赔。

6.5.3　园林工程建设施工阶段进度控制

在施工阶段进度控制的总任务是在满足工程项目建设总进度计划要求的基础上，编制或审核施工进度计划，并对其执行情况加以动态控制，以保证工程项目按期交付使用，使工程项目的预期效益得到实现。

6.5.3.1　施工阶段进度控制目标的确定

(1)确定施工进度控制目标的依据

工程项目总进度目标的要求；国家颁布的工期定额；类似本工程项目的施工经验和工期；工程项目的难易程度和工程条件落实情况。

(2)在确定施工进度控制目标时要研究的主要因素

①工程项目总进度计划对项目施工工期的要求；

②工程项目建设的需要及其使用目的，对实现项目总进度要求；

③工程项目在组织、协调、技术诸方面的特殊性；

④工程项目资金的保证；

⑤承建商投入的人力条件和施工力量；

⑥材料、构件、设备等物资供应条件和可能性；

⑦气候、运输条件等。

6.5.3.2 监理工程师在施工阶段进度控制中的内容

(1)编制施工阶段进度控制工作实施细则

监理工程师根据总监理工程师拟定的监理大纲、工程项目监理规划，对每个工程项目编制进度控制实施细则，作为实施进度控制的具体指导文件。这些文件的主要内容有施工进度目标分解图；进度控制工作内容、深度、流程和时间安排，监理人员的具体分工；进度控制的方法与措施，实施进度目标的风险分析等。

(2)审核或协助编制施工组织设计

在大型工程项目(即单项工程多、工期长、分段发包、分批施工)没有一个负责全部工程的总承包商时，监理工程师就要负责编制施工组织总设计及施工总进度计划。施工总进度计划应明确分期分批的项目组成，各批工程项目的开工、竣工顺序及设计安排，全场性准备工程特别是首批准备工程的内容与进度安排等。若工程项目有总承包商时，监理工程师只负责对承包商编制的施工组织总设计及总进度计划进行审核。对单位工程施工组织设计及其进度计划，监理工程师只负责审核而不负责编制。

施工进度计划的审核内容主要如下：

①进度安排是否符合工程项目总进度计划中总目标和分解目标的要求，是否符合施工合同中开工、竣工日期的规定。

②施工总进度计划中的项目是否有遗漏，分期是否满足分批投产的要求。各工序顺序是否合理，能否保证资源的供应，施工现场是否满足开工条件。

③按年、季、月编制工程综合计划是否齐全。

(3)发布开工令

在检查承包商各项施工准备工作、确认业主的配合条件已齐备后，发布开工令。发布开工令的时机，应尽可能及时，因为从发布开工令之日起计算，加上合同工期后，即为竣工日期。开工令发布拖延，等于竣工日期拖延，甚至引起承包商的索赔。

(4)协助承包商实施进度计划

监理工程师要随时了解施工进度计划实施中存在的问题并协助解决，特别是解决承包商无力解决的内外关系协调问题。在进度计划实施过程进行跟踪检查，检查承包商报送的进度报表和分析资料，同时还要派进度监理人员到实地检查，对所报送的已完成项目时间及工程量进行核实，杜绝虚报现象。

(5)组织协调工作

监理工程师主持每月、每周的定期不同级别的进度协调会。高级协调会上通报工程项目建设的重大变更事项，协商之后处理解决各个承包商之间、业主与承包商之间的重大配合协调问题；在每一周管理层协调会上，通报各自进度情况、存在问题及下周安排，解决施工中相互协调问题。包括各承包商之间进度协调问题，工作面交接问题和阶段成品保护责任问题，场地与公用设施利用中的矛盾问题，某一方面断电、断水、断路、开挖引起其他方面工作的协调问题以及资源保证、外部协作条件配合问题等。

在平行、交叉施工中，承包商多、工序交接频繁、矛盾多而进度目标紧迫、施工紧张的情况下，现场协调会甚至需每天召开。可考虑在每天15：00左右召开，通报和检查当天进度，确定薄弱环节，部署当晚赶工以便为次日正常施工创造条件。对于某些未曾预料的突发变故问题，还可由监理工程师发布紧急协调指令，督促有关单位采取应急措施维护施工的正常秩序。

(6) 签发进度款付款凭证

对承包商申报的已完成分项工程量进行核实，在质量监理工程师通过检查验收后，签发进度款付款凭证。

(7) 审批进度拖延

当实际进度发生拖延，监理工程师有权要求承建商采取措施追赶进度。

(8) 向业主提供进度报告

随时整理进度资料，做好工程记录，定期向业主提供工程进度报告。

(9) 督促承包商整理技术资料

要根据工程进展情况，督促承包商及时整理有关资料。

(10) 审批竣工申请报告，组织竣工验收

审批承包商在工程竣工后自行预检验基础上提交的初验申请报告，组织业主和设计单位进行初验，初验通过后填写初验报告及竣工验收申请书，并协助业主组织工程的竣工验收，编写竣工验收报告书。

(11) 处理争议和索赔

处理工程结算中的争议和索赔问题。

(12) 收集工程进度资料

工程进度资料的收集、归类，编目和建档，作为其他项目进度控制的参考。

(13) 工程移交

督促承包商办理工程移交手续，颁发工程移交证书。在工程移交后的保修期内，还要督促承包商及时返修，处理验收后出现质量问题的原因、责任等争议问题。在保修期结束且再无争议时，进度控制的任务才算完成。

6.5.3.3 监理工程师在施工阶段进度控制中的职责和权限

(1) 监理工程师在施工阶段进度控制中的职责

在控制工程施工进度中，监理工程师的职责概括来说就是督促、协调和服务，具体包括以下内容：

①控制工程总进度，审批承建单位提交的施工进度计划；

②监督承建单位执行进度计划，根据各阶段的主要控制目标做好进度控制，并根据承建单位完成进度的实际情况，签署月进度支付凭证；

③向承建单位及时提供施工图规范标准以及有关技术资料；

④督促与协调承建单位做好材料、施工机具与设备等物资的供应工作；

⑤定期向建设单位提交工程进度报告，组织召开工程进度的协调会议，解决进度控制中的重大问题，签发会议纪要；

⑥在执行合同中，做好工程施工进度计划实施中的记录，并保管与整理各种报告、批示、指令及其他有关资料；

⑦组织阶段验收与竣工验收。

(2)监理工程师在施工阶段进度控制中的权限

为了明确监理工程师在施工管理中的地位，保障对项目实施全面监理，监理工程师被赋予很大的权限。

①开工令发布权。

②施工组织设计审定权。

③修改设计建议及设计变更签字权。

• 由于施工条件或施工环境有较大的变化，或设计方案、施工图存在着不合理，经技术论证后认为有必要修改设计，监理工程师有权建议设计单位修改设计；

• 所有设计变更与施工图必须要监理工程师批准签字认可后，方能交给承建单位实施。

④劳动力、材料、机械设备使用监督权　根据季、月度进度计划的安排，监理工程师深入现场监督检查劳动力配置、施工机械的类型与数量。

⑤工程付款签证权　未经监理工程师签署付款凭证，建设单位将拒付承建单位的施工进度、备料、购置设备、工程结算等工程建设款项。

⑥下达停工令和复工令权

• 由于建设单位原因或施工条件发生较大变化而必须要停止施工时，监理工程师有权发布“暂停指令”等，符合合同要求时也有权下达“复工指令”。

• 如承建单位不按合同要求的规范、标准及审批的施工方案施工，或质量不符合标准，监理工程师有权签发《整改通知单》，整改不力的可报请总监理工程师后签发“停工指令”，直至整改验收合格后才准许复工。承建单位如认为停工的因素已消除，可向监理工程师申请复工。

• 对于严重违约的承建单位，监理工程师有权向建设单位建议清退。

⑦合同条款解释权　建设单位与承建单位签订的承包合同条款，监理工程师虽不承担风险，但负责有效地管理合同。在合同执行中有权对合同条款进行解释，并采取相应措施提高承建单位现场管理人员的合同意识，按合同条件及有关文件管理工程项目的建设，确保进度目标的实现。

⑧索赔费用的核定权　由于不是因承建单位责任所造成的工期延误及费用的增加，承

建单位有权向建设单位提出索赔，监理工程师应核定索赔的依据及索赔费用的金额，并在合同管理中尽量减少索赔事件的发生。

⑨有进行协调工作的权力　协调工作主要包括：

• 协调各承建单位之间的关系；

• 协调建设单位与承建单位之间的关系；

• 协调监理单位与承建单位之间的关系，定期召开协调会议，检查进度计划的执行情况。

⑩工程验收签字权　当分项、分部工程或一些监理工程师认为必要检查的重要工序完成后，应经监理工程师组织验收(在验收之前，施工企业必须自己先检查验收)并签发验收证后工程方能继续施工。

6.5.3.4　施工进度计划的编制、实施、检查与调整

(1)施工进度计划的编制

①施工总进度计划的编制　包含对各单项工程或单位工程作总体部署，确定其施工顺序、施工时间和衔接关系。施工总进度计划的编制依据有：施工总方案、资源供应条件、各类定额资料、招标文件、工程动用时间目标、建设地区自然条件及经济技术条件等。

②单位工程施工进度计划的编制　单位工程施工进度计划，应确定单位工程中分部分项工程的施工顺序和施工起止时间，安排其衔接关系，使之贯彻施工总进度计划，实现工程合同工期。单位工程施工进度计划编制的主要依据是：施工总进度计划；单位工程施工方案；合同工期或定额工期；计划定额；施工图和施工预算；施工现场条件；资源供应条件；气象资料等。

(2)施工进度计划的实施

施工进度计划的实施准备如下：

①施工进度由承包商编制完成后，必须通过监理工程师的审批。

②将施工进度计划具体分化为施工作业计划和施工任务书　施工作业计划是指月、旬计划，明确月旬的施工任务，所需的劳动力、材料、设备、构配件的资源，并提出完成任务的计划和提高效率的方法措施。

施工任务书或内部承包任务书是作业计划下达到班组或班组进行责任承包，并将计划执行与技术管理、质量管理、安全管理、成本核算、资源管理、原始记录等融合为一体的技术经济文件。

③分析施工中可能遇到的困难和阻力　结合工程条件，客观地分析计划执行过程中的阻力及其重点、难点，从而提出保证计划实施顺利的有效措施，以便在计划执行中贯彻执行。

④施工进度计划下达前要详细交底　需在计划交给执行者前，使他们掌握计划的要点、关键、薄弱环节、最终目标、协作配合、执行条件、困难因素等。

在施工过程中，应进行跟踪记录，以便为检查计划、分析施工情况和计划执行情况、

调整计划、总结等提供原始资料。记录工作最好在计划图表上进行，以便检查计划时分析对比。记录工作必须客观、真实、不造假。

(3)施工进度计划的检查

①检查的时间、内容、方法

检查的时间　有日常检查和定期检查。

检查的内容　工作的开始时间，工作的完成时间，工作的持续时间，工作之间的逻辑关系，完成各工作的实物工程量和工作量，关键线路和总工期，时差的利用。

检查的方法　对比法，即计划进度与实际进度的对比；进度分析报告。

施工进度计划由承包商检查后，提出进度分析报告并交给监理工程师，作为监理工程师控制进度、审核进度款的依据。监理工程师应及时向业主报告进度情况。

进度分析报告的形式，以原施工进度计划的形式为依据，检查期间的有关工作，主要包括以下参数及分析。

工作的原计划参数　工作名称，工程量，最早开始时间，最迟开始时间，最早完成时间，最迟完成时间，持续时间，总时差，自由时差。

工作实际完成参数　工作名称，工程量，最早开始时间，最迟开始时间，最早完成时间，最迟完成时间，持续时间，总时差，自由时差，完成率，最早开始时间偏差，最早完成时间偏差。

工作的预测参数　工作名称，工程量，原计划时间，预测工作时间，预测最早开始时间，预测最迟开始时间，预测最早完成时间，预测最迟完成时间，总时差，自由时差。

②检查后的处理　通过对进度计划检查分析，若进度偏离计划不十分严重，可以通过解决矛盾，排除障碍，继续执行原计划。经过努力，确实不能按原计划执行时，再考虑对进度计划作必要的调整，如可适当延长工期或改变施工速度。

(4)施工进度计划的调整

计划的调整是不可避免的，但应慎重，尽量减少对原计划的调整。原计划的调整主要有两种调整方法，一是压缩关键工作的持续时间；二是组织搭接作业或平行作业来缩短工期。

在确保工程质量和安全的前提下，应以科学管理为核心，采用动态控制方法，对工程进度进行主动控制。在对业主和施工单位提出的调整方案进行充分的分析论证后，应当鼓励和支持采用先进的施工技术和工艺，以达到加快施工进度和降低工程造价的目的。

6.5.3.5　资源供应的进度控制

(1)资源供应进度控制概述

资源供应进度控制指在一定的资源(人力、物力、财力)条件下，实现工程项目一次性特定目标的过程中对资源的需求进行计划、组织、协调和控制。监理工程师在其中的作用见表6-1。

表6-1　监理工程师在资源供应进度控制中的作用

监理工程师的重要任务	监理工程师的资源供应控制主要工作
(1)协助建设单位进行资源供应的决策 ①根据设计图纸和进度计划确定资源供应要求； ②提出资源供应分包方式及分包，合同清单，并获得建设单位认可； ③协助建设单位提出对资源供应单位的要求以及在财务方面应负的责任。 (2)组织资源供应招标工作 ①组织编制资源供应招标文件； ②受理资源供应单位投标文件； ③推荐资源供应单位及进行有关工作	(1)审核资源供应单位的供应计划 ①供应计划是否按工程项目进度计划的需要及时供应材料和设备； ②是否会出现由于资源供应紧张或不足而易产生的施工拖延现象； ③物资的库存量是否安排合理； ④是否在时间上和数量上做出较合理的物资采购安排及库存安排； ⑤是否产生对项目施工进度计划执行的不利影响。 (2)监督检查订货，协助办理有关事宜 ①监督和检查物资的订货情况； ②协助办理物资的海运、陆运、空运以及进出口许可证等有关事宜。 (3)控制资源供应计划的实施 ①掌握资源供应全过程的情况； ②采取有效措施保证急需物资的供应； ③审查和签署资源供应情况分析报告。 (4)协调各有关单位的关系

(2)计划的编制

资源供应计划从按计划期限可分为：中长期计划、年度计划、半年计划、季(或月、旬)计划和临时计划等；按照资源的种类可分为劳动力供应计划、施工机械和模具供应计划、某材料供应计划等；按资源供应计划的内容和用途分类，主要有物资需求计划、资源供应计划、物资储备计划、申请与订货计划、采购与加工计划和国外进口物资计划。

①物资需求计划的编制　编制依据主要有：图纸、预算、工程合同、项目总进度计划和各分包工程提交的材料需求计划等。

②物资储备计划的编制　编制此计划不但要考虑物资需求计划、储备方式、供应方式和场地条件等，还要充分考虑市场的供应情况。工程项目材料的储备量，主要由材料的供应方式和现场条件决定，一般应保持3~5天的用量，在一定条件下，可以多用些，也可以少用些，甚至无储备场所，即用多少供多少。

③资源供应计划的编制　编制依据是需求计划、储备计划和货源资料等。在编制过程中，要考虑数量平衡(即期内需用量减去期初库存量加上期末储存量，出现正值时，本期不足，需要补充；反之，是负值时，本期多余，可供外调)。

④采购、加工计划的编制　是指向市场采购或专门加工订货的计划。采购、加工计划的编制主要依据需求计划、市场供应信息、加工能力及分布等。

(3)资源供应进度控制的意义

在资源供应的过程中，由于施工进度的变化(提前或拖延)、设计变更、价格变化、市场各供应部门突然出现的供货中断以及一些意外情况的发生都会使资源供应的实际情况与计划不符。监理工程师在资源供应计划开始实施后，必须监督供应单位按计划适时、按质、保量供应，并在执行中按照目标控制流程，经常定期的检查；认真收集反映资源供应状况的实际数据资料，与计划进行比较，一旦发生与计划不符，要及时分析产生问题的原因并提出相应的调整措施。

6.6 园林工程建设施工阶段投资监理

6.6.1 园林建设工程投资控制

6.6.1.1 园林建设工程投资含义

园林建设项目投资，一般是指某项园林建设工程建成后所花费的全部费用。园林建设项目投资，也称为园林工程造价，一般是指一项园林工程预计开支或实际开支的全部固定资产投资费用，在这个意义上工程造价与建设投资的概念是一致的。

6.6.1.2 园林建设工程投资控制概述

对园林建设工程投资实施监理，其主要任务就是对项目投资进行有效的控制。

(1)投资控制的含义与基本原理

①投资控制的含义　园林建设项目投资的有效控制是工程建设管理的一个重要内容。投资控制也就是在工程项目建设的全过程中(投资决策阶段—设计阶段—项目发包阶段—项目建设施工阶段—竣工阶段)，把投资的发生控制在批准的投资限额以内，随时纠正发生的偏差，保证项目投资管理目标的实现，以求在建设工程中能合理使用人力、物力、财力，取得较好的投资效益和社会效益。

②投资控制的基本原理　投资控制的基本原理是把计划的投资额作为工程项目投资控制的目标值，再把工程项目建设进展过程中的实际支出额与工程项目投资目标进行对比，通过对比发现并找出实际支出额与控制目标额之间的差距，从而采用有效措施加以控制。

(2)投资控制的目的

①使投资得到更高的价值，即利用一定限额内的投资获得更好的经济效益；

②使可能动用的资金，能够在施工过程中合理地分配；

③使投资支出总额控制在限定范围之内，并保证概算、预算和投标标价基本相符。

(3)投资控制的重点

投资控制贯穿于项目建设的全过程，但是必须重点突出，影响项目投资最大的阶段，是约占工程项目建设周期1/4的技术设计结束前的工作阶段。很显然，项目投资控制的重点在于施工以前的投资决策和设计阶段，而在项目做出决策后，控制项目投资的关键就在于设计。

6.6.1.3 我国建设监理单位在控制目标投资方面的主要业务内容

园林建设工程投资控制是我国工程监理的一项主要任务，投资控制贯穿于园林工程建设的各个阶段，也贯穿于监理工作的各个环节。我国建设监理单位在控制目标投资方面的主要业务内容有：

①在园林工程建设前期阶段进行工程项目的机会研究、初步可行性研究、编制项目建议书，进行可行性研究，对拟建项目进行市场调查和预测，编制投资估算，进行环境影响评价、社会评价和财务评价。

②在设计阶段，协助业主提出设计要求，组织设计方案竞赛或设计招标，用技术经济方法组织评选设计方案。协助选择勘察、设计单位，商签勘察、设计合同并组织实施，协助设计单位开展设计工作，编制本阶段资金使用计划，并进行付款控制。审查设计概预算，尽量使概算不超过估算，预算不超过概算。

③在施工招标阶段，准备与发送招标文件，编制工程量清单和招标工程标底；协助评审投标书，提出评标建议；协助业主与承包单位签订承包合同。

④在施工阶段，审查承建单位提出的施工组织设计、施工技术方案和施工进度计划，提出改进意见，督促、检查承建单位严格执行工程承包合同。从造价、项目的功能要求、质量和工期方面审查工程变更的方案，并在工程变更实施前与建设单位、承包单位协商确定工程变更的价款，调解建设单位与承建单位之间的争议，检查工程进度与施工质量，验收分项、分部工程，按施工合同约定的工程量计算规则和支付条款进行工程量计算和支付工程款，签署工程付款凭证，收集、整理有关的施工和监理资料，为处理费用索赔提供证据。按施工合同的有关规定进行竣工结算，审查工程结算，提出竣工验收报告等。

6.6.2 监理工程师对投资控制的权限

为保证监理工程师有效地控制投资，必须对监理工程师进行授权，且在合同文件中做出明确规定，并正式通知承建单位。对监理工程师的授权主要包括以下内容：

①审定批准承建单位制订的工程进度计划，督促承建单位按批准的进度计划完成工程。

②接收并检验承建单位报送的材料样品，根据检验结果批准或拒绝在该工程中使用这些材料。

③对工程质量按技术规范和合同规定进行检查，对不符合质量标准的工程提出处理意见，对隐蔽工程下一道工序的施工，必须在监理工程师检查认可后，方可进行施工。

④核对承建单位完成分项、分部工程的数量，或与承建单位共同测定这些数量，审定承建单位的进度付款申请表，签发付款证明。

⑤审查承建单位追加工程付款的申请书，签发经济签证并交建设单位审批。

⑥审查或转交设计单位的补充施工详图，严格控制设计变更，并及时分析设计对控制投资的影响。

⑦做好工程施工记录，保存各种文件图纸，特别是注有实际施工变更情况的图纸，注意积累素材，为正确处理可能发生的索赔提供依据。

⑧对工程施工过程中的投资支出做好分析与预测，经常或定期向建设单位提交项目投资控制及其存在问题的报告。

⑨提倡主动监理，尽量避免工程已经完工后再检验，而要把本来可以预料的问题告诉承建单位，协助承建单位进行成本管理，避免不必要的返工而造成的成本上升。

6.6.3 监理工程师对工程款的计量支付

在投资控制中，监理工程师要通过对工程的准确计量支付工程价款。由于监理工程师掌握工程支付签认权，因而对承建单位的行为起到约束作用，能在施工的各个环节上发挥其监督和管理的作用。

6.6.3.1 对施工图、进度款的预算和结算审核

审核施工预算是对项目的预控，审核进度款是控制阶段拨款，审核结算是最终核定项目的实际投资。对监理公司来说，重点是审核结算。

(1)审核工程量

审核工程量必须先熟悉施工图纸、预算定额和工程量计算规则。监理工程师要亲自详细计算出全部或部分工程量之后，与承包商提出的工程量逐项核对准确无误后，才真正达到审核工程量的目的。工程量计算要列清单，便于复核。

(2)审查定额单价

①审查换算单价　预算定额规定允许换算部分的分项工程单价，应根据预算定额的分部、分项说明附注和按有关规定进行换算；预算定额规定不允许换算部分的分项工程单价，则不得强调工程特殊或其他原因，而任意加以换算，以保持定额的法令性和统一性。

②审查补充单价　对于某些采用新结构、新技术、新材料的工程，定额缺少这些项目尚需编制补充单位估价时，就应进行审查。审查其分项项目和工程量是否属实，套用单价是否正确；审查其补充单价的工料分析是根据工程测算数据，还是估算数字确定的。

(3)审查直接费

由各分部分项工程量及其预算定额(或单位估价表)单价决定直接费用。因此，审查直接费，也就是审查直接费部分的整个预算表，即根据经过审查的分项工程量和预算定额单价，审查单价套用是否准确，是否套错和应换算的单价是否已换算，换算是否正确等。

依据施工企业性质、等级、规模和承包工程性质不同，间接费的计算方法，有按直接费或人工费为基础的百分比进行计算。

6.6.3.2 工程计量的程序、依据和方法

(1)工程计量的程序

承建单位按协议条款约定的时间(承建单位完成的工程分项获得质量验收合格证后)向监理工程师提交已完成工程的报告，监理工程师必须在接到报告后3天内按设计图纸核实已完成工程数量，并在计量24h前通知承建单位，承建单位必须为监理工程师进行计量提供便利条件并派人参加予以确认(如承建单位无正当理由不参加计量，由监理工程师自行进行的计量结果亦视为有效)，并作为工程价款支付的依据。但监理工程师在接到施工企业报告后3天内未进行计量，从第4天起，施工企业报告中开列的工程量即视为已被认可，可作为工程价款支付的依据。因此，无特殊情况，监理工程师对工程计量不能有任何拖延。另外，监理工程师在计量时必须按约定的时间通知承建单位参加，否则计量结果按

合同规定视为无效。

工程计量中应注意以下事项：

①严格确定计量内容　计量的根据是具体的设计图纸、材料和设备明细表中计算的各项工程的数量，方法是按照合同中所规定的计量方法、计量单位进行，监理工程师对承建单位超出设计图纸要求增加的工程量和自身原因造成返工的工程量，不予计量。

②加强隐蔽工程的计量　对隐蔽工程的计量，监理工程师应在工程隐蔽之前，预先进行测算，测算结果有时要经设计、监理与承建单位三方或两方的认可，并予签字为凭作为结算的依据，控制项目的投资。

(2) 工程计量的依据

一般为质量合格证书，工程量清单前言，技术规范中的“计量支付”条款和设计图纸等。

(3) 工程计量的方法

监理工程师一般对以下三方面的工程项目进行计量：一是工程量清单中的全部项目；二是合同文件中规定的项目；三是工程变更项目。具体的计量方法有：均摊法、凭据法、估价法、现场测量法、图纸法和分解计量法。

园林工程的工程构成复杂，在工程计量时，工程内容和建筑、道路等相同，如园林建筑、园林小品、园林理水、置石与假山、园路与园桥、基础工程等参照建筑、道路、装饰等工程的计量方法；园林绿化应参照绿化的计量方法，如乔灌木、草花按株计量，草坪按覆盖面积计量，宿根、球根、水生花卉要按覆盖面积或芽、球数计量。

6.6.4　园林工程建设项目投资结算的审核管理

6.6.4.1　我国现行项目工程价款的主要结算方式

①按月结算　即实行旬末或月中预支，月终结算，竣工后清算的办法。跨年度竣工的工程，在年终进行工程盘点，办理年度结算。

②竣工后一次结算　对建设项目比较小的、工期比较短的、合同总价比较低的，可以采用每月月中预支，竣工后一次结算。在当年开工，当年不能竣工的项目，可以按项目划分不同的阶段进行结算。

③按双方约定的其他方式结算　这种结算方式可以在合同中约定，确定具体的付款时间和方式。但其结算价款一次不能超过工程总价的 95%。

施工期间，不论工期长短，其结算款一般不应超过承包工程价值的 95%，结算双方可以在 5%的幅度内协商工程款项比例，并在工程承包合同中注明。尾款专户存入建设银行，等工程竣工验收后结算。

6.6.4.2　工程施工合同条件下工程费用的支付

(1) 工程支付的范围和条件

①工程支付的范围　在合同中一般规定的工程支付范围主要有两部分：一部分是工程

量清单中的费用(承包商在投标时，根据合同条件的有关规定提出的报价，并经业主认可的费用)；另一部分是工程量清单以外的费用(在合同中有明确的规定)。

②工程支付的条件　完工工程质量合格、符合合同条件，变更项目必须有监理工程师的变更通知，支付金额必须大于临时支付证书规定的最小限额，承包商的工作必须使监理工程师满意。

(2)工程支付的项目

①工程量清单项目

一般项目的支付　是以经过监理工程师计量的工程数量为依据，乘以工程量清单中的单价。支付程序，一般通过签发期中支付证书支付进度款。

暂定金额　指包括在合同中，供工程任何部分的施工，或提供货物、材料、设备或服务，或提供不可预料事件之费用的金额。这项金额按照监理工程师的指示可能全部或部分使用，或根本不予动用。承包商按照监理工程师的指示完成或使用暂定金额的费用。

计日工　按合同中规定的项目和承包商在其投标书中所规定的费率计算。按计日工作实施的工程，承包商在该工程持续进行过程中，每天向监理工程师提交从事该工作的所有工人姓名、工种和工时的确切清单(一式两份)，表明所有该项工程所用和所需材料、设备的种类和数量的报表(一式两份)。

②工程量清单以外项目

动员预付款　是业主借给承包商进驻场地和工程施工准备用款。预付款额度的大小，是承包商在投标时，根据业主规定的额度范围(一般是合同价的5%~10%)和承包商本身资金情况，提出预付款的额度，并在标书附录中予以说明。

动员预付款的付款条件是：业主与承包商签订的合同协议书；提供了履约押金或履约保函；提供动员预付款的保函。

当承包商完成上述3个条件的14天以内，由监理工程师向业主提交动员预付款证书，业主收到监理工程师提交的支付动员预付款证书后在合同规定的时间内，按规定的钱币比例进行支付。按照合同规定，当承包商的工程进度款累计金额超过合同价款的10%~20%时开始扣回，至合同规定的竣工日前3个月全部扣清。用这种方法扣回预付款，一般采用按月等额均摊法。

材料设备预付款　是支付无息预付款，预付款按材料设备的某一比例(为材料发票价的70%~80%，设备发票价的50%~60%)支付。在支付时，承包商提供材料、设备供应合同的影印件，注明所提供材料的性质和金额情况，材料已经运到工地并经监理工程师认可其质量和储存方式。材料、设备预付款按合同中规定的条款从承包商应得的工程款中分批扣除。扣除次数和各次扣除金额随工程性质不同而异，一般要求在合同规定的完工日期前至少3个月扣清，最好是材料设备一用完，该材料设备的预付款即扣完。

保留金　是为了确保在施工阶段，或在缺陷责任期间，由于承包商未能履行合同义务，由业主(或监理工程师)指定他人完成应由承包商承担的工作所发生的费用。在合同中规定保留金款额为合同总价的5%，从第一次付款证书开始，按期中支付工程款的10%扣留，直到累积扣留达到合同总额的5%为止。

保留金的退还一般分两次进行，即当颁发整个工程的移交证书时，将一半保留金退还给承包商；当工程的缺陷责任期满时，另一半由监理工程师开具证书付给承包商。假若工程的缺陷责任期满，承包商仍有未完工程时，则监理工程师有权在剩余工程未完之前扣发其所认为与需要完成的工程费用相应的保留金余额。

工程费用变更　这也是工程支付的一个重要项目。其支付依据施工变更令和监理工程师对变更项目所确定的变更费用，支付时间和支付方式也是列入其中支付证书予以支付。

索赔费用　支付依据是监理工程师批准的索赔审批书及其计算的结果，随工程月进度款一并支付。

价格调整费用　是指按合同条件有关规定的计算方法计算调整的款额，包括施工过程中出现的劳务和材料变更，后继的法规及其他政策的变化导致的费用的变更等。

迟付款利息　按照合同规定，业主未能在合同规定的时间内向承包商付款，则承包商有权收取迟付利息。合同规定业主应付款的时间是在收到监理工程师颁发的临时付款证书的28天内或最终证书的56天内支付。假若业主未能在规定的时间内支付，则业主应按投标书附件中规定的利率，从应付之日起向承包商支付全部未付款额的利息。迟付款利息应在迟付款终止后的第一个月的付款证书中予以支付。

违约罚金　对承包商的违约罚金主要包括拖延工期的误期赔偿和未履行合同义务的罚金。这类费用可从承包商的保留金中扣除，也可以从支付承包商的款项中扣除。

6.6.4.3　工程费用支付的程序

其程序为：承包商提出付款申请→报驻地监理工程师办公室→上报高级驻地监理工程师办公室→上报总监理工程师→报告业主(业主审批及其支付)。

6.6.5　对工程变更的控制

在施工过程中，会出现多种多样的变化，如经常出现的工程内容变化、工程量变化、施工进度变化，此外还会发生发包方与承包方在执行合同中的争执等许多问题。工程变更引起工程内容和工程量的变化，都可能使项目投资超出原来的预算投资。因此监理工程师为达到对投资的控制，对工程变更也更要严格控制。

6.6.5.1　工程变更控制程序

下面以承包商提出的设计变更为例，阐述监理工程师对其的控制程序：

①承包商提出设计变更的要求。

②监理工程师对设计变更进行审查。

③原设计单位提供图纸和说明，若变更超过原设计标准和规模时，原规划审批部门进行审查变更。

④编制工程变更文件　工程变更文件包括以下内容：

工程变更令　一份变更令应包括下列内容：项目变更的原因和依据；拟采用的技术标准；项目变更的内容；估算工程变更前后项目的单价、数量和价格。

工程量清单　它同原合同中的工程量清单基本相同，区别在于每个项目都必须填写变更后的单价、数量和金额，目的是便于检查该变更对合同价的影响。

设计图纸。

其他有关文件。

⑤监理工程师审查承包商提出的变更价款。

⑥监理工程师同意，则调整合同价款；若监理工程师有异议时，上交总监理工程师。

⑦总监理工程师与承包商协商，协商同意，则调整合同价款，否则申请仲裁。

6.6.5.2 工程变更价款的确定

由监理工程师签发的工程变更令，如系设计变更或更改作为投资基础的其他合同文件，由此导致的经济支出和承建单位的损失，由建设单位承担，延误的工期相应顺延。因此，监理工程师必须合理确定变更价款，控制投资支出。变更也有可能是由于承建单位的违约所致。此时引起的费用必须由承建单位承担。

合同价款的变更价格，一般在双方的协商时间内，由承建单位提出变更价格，报监理工程师批准后方可调整合同价款及竣工日期。

如果监理工程师在颁发整个工程移交证书时，发现由于工程变更和工程量表上实际工程量的增加或减少(不包括暂定金额、计日工和价格调整)，使合同价格的增加或减少合计超过有效合同价(指不包括暂定金额合计日工补贴的合同价格调整)的15%，经过监理工程师与业主和承包商协商后，应在合同价格中加上或减去承包商和监理工程师议定的一笔款额。若双方未能取得一致意见，则由监理工程师在考虑了承包商的现场费用和上级公司管理费用后确定此款额。该款额仅以超过或低于有效合同价15%的部分为基础。

6.6.5.3 对设计变更的控制

(1)概述

设计变更是指设计部门对原施工图纸和设计文件中所表达的设计标准状态的改变和修改。设计变更仅包含由于设计工作本身的漏项、错误或其他原因而修改、补充原设计的技术资料。设计变更和现场签证两者的性质是截然不同的，凡属于设计变更的范畴，必须按设计变更处理，而不能现场签证处理。

设计变更费用一般控制在工程总造价的5%以内。由设计变更产生的新增投资额不得超过基本预备费的1/3。

(2)设计变更的原因

原因一般包括：修改工艺技术，如设备的改变；增减工程内容；改变工程使用功能；设计错误、遗漏；提出合理化建议；施工中产生错误；使用的材料品种的改变；工程地质勘查资料不准确而引起的修改，如基础加深。由于以上原因所提出的变更，可能是建设单位、设计单位、施工单位或监理单位中的任何一个单位，有些则是上述几个单位都会提出。

(3)设计变更的签发原则

设计变更无论是由哪方提出，均应由监理部门会同建设单位、设计单位、施工单位协商，经过确认后由设计部门发出相应图纸或说明，并由监理工程师办理签发手续，下发到有关部门付诸实施。但在审查时应注意以下几点：

①确属原设计不能保证工程质量要求，设计遗漏和确有错误以及与现场不符无法施工非改不可。

②将变更后所产生的经济效益与现场变更后会引起施工单位的索赔所产生的损失加以比较，权衡轻重后做出决定。

③工程造价增建幅度是否控制在总概算的范围内，假若确需变更，变更后有可能超过概预算时，应该慎重。

④设计变更应该说明变更的背景、原因，变更的具体使用位置，变更后施工材料有无变化，变更后会产生什么样经济后果等。

6.6.6 施工索赔

6.6.6.1 索赔概述

(1)索赔的定义

索赔是工程承包合同履行过程中，当事人一方因对方不履行或不完全履行既定的义务，或者由于对方的行为使权利人受到损失时，要求对方补偿损失的权利。索赔是工程承包合同履行过程中不可避免的现象。

(2)引起工程项目索赔的原因

①在施工准备阶段工作中索赔的原因

• 业主未按合同约定日期和份数，在开工前向乙方提供施工图纸。

• 业主未在合同规定的期限内，办理土地征用，青苗、树木赔偿，房屋拆迁及其清理地面或地下障碍物等，使得施工场地不具备施工条件。

• 业主未按合同规定将施工所需水、电、电讯线接到外部协议条款所约定的地点，没有开通施工场地与城乡公共道路的通道等。

• 业主没有按合同约定及时提供施工场地的工程地质和地下管线路网资料，没有妥善处理好施工现场周围地下管线和邻近建筑物、构筑物的保护工作。

• 业主未及时办理施工所需各种证件、批件和临时用地、占道等批准手续，没有及时将水准点与坐标控制点等以书面形式交给承包商。

• 施工环境恶劣，业主未按有关规定提供相应的保护措施。

以上原因，主要是由于不具备或不完全具备开工条件而导致不能按合同协议约定的开工日期按时开工，从而产生索赔；或者虽然按期开工，但开工后为处理以上遗留问题给承包商增加了额外工作负担，引起费用和工期索赔。

②进度控制中索赔的原因

• 由于业主的原因，如业主以书面的形式通知乙方推迟开工日期，或施工方不能按时开工，在合同协议条款约定的时间内，向业主提出延期开工的理由和要求，得到业主代表批准或在规定时间内未予以答复。

• 业主代表要求施工方暂停开工，后经查实停工责任在业主。

• 由于以下原因，导致工期延误。例如，工程量变化和设计变更；一周内非施工方原因停水、电、气等造成停工累计超过8天；不可抗拒外力；合同中约定或业主方同意顺延的其他情况。

这些原因可能导致工期延长和停工费用损失，从而引起工期和费用索赔。

③质量控制中的索赔

• 业主负责采购的材料设备，在种类、规格型号、质量等级和供应时间方面与合同清单和约定的供应时间不符，导致额外的处理费用。

• 施工方负责采购的材料设备，由于业主不能按时到场验收，使用中发现材料设备不符合规范和设计要求，虽然有时供方修复或拆除及重新采购，承担费用，赔偿业主的损失，但会引起延误工期的索赔。

• 由于业主不能正确纠正其他非施工方原因引起工程质量的不符合标准、规范和设计要求，导致返工、修改。

• 业主要求部分或全部工程质量达到优良标准，由此增加费用，影响工期。

• 业主指示施工方对已经覆盖的工程剖开、剥露或凿开检查。

• 由于设计原因，业主负责采购的设备由于制造原因，试车达不到验收要求，需要重新设计、拆除及重新安装。

这些原因会增加费用，影响工期，导致索赔。

④投资控制中的索赔

• 由业主代表确认工程量增减。

• 业主未按合同约定时间按时预付工程款。

• 业主代表完成工程计量后，业主不按时支付或被银行延误支付工程进度款。

• 业主不按协议条件约定日期组织竣工验收，引起工程保管费用索赔。

• 业主无正当理由在收到竣工报告后的协议规定时间内不办理结算。

• 工程保修期满，业主不按协议约定的时间退还剩余保修金和相应利息。

以上原因中，拖期付款主要是导致利息索赔。

⑤管理中的索赔

• 业主代表(或监理工程师)委派具体管理人员没有按合同程序、时间通知承包商；未按合同规定及时向承包商提供指令、批准、图纸或履行其他义务。

• 业主代表(或监理工程师)发出的指令、通知有误。

• 业主代表(或监理工程师)对承包商的施工组织进行不合理的干预。

以上原因可能会对施工造成影响，增加工程费用或产生停工、降低效益、延误工期，造成损失，导致费用、工期的索赔。

⑥其他索赔　指一些不可预见的、意外原因造成施工工期延误，降效损失等引起索赔，如施工中地下发现古墓、文物等有考古价值的物品，自然灾害、政策变化、货币贬值、外汇汇率变化、合同本身缺陷等。这些原由造成的费用和工期索赔，费用一般由双方共同承担。

从以上引起索赔的原因中，可以看出，在合同双方签订之日起，都要力争索赔主动权，尽量减少自身方的索赔损失，监理工程师要站在公正的第三方的立场上，坚持索赔管理的基本原则，公平、合理、及时处理索赔问题，维护法律和合同的尊严，减少由索赔事件引发的合同纠纷。

(3) 索赔的证据

①索赔事件客观发生的证据，来源于施工过程中对所有偏离合同或履行合同中具体量化的工程事件的记录资料，如事件发生的时间、地点、气象资料、涉及有关单位或具体人员、工程的某具体部位，以及能够证明事件已实际发生的各种资料和事件描述等，它们大多以照片、信件、电话、电报、施工日志等形式表现。

②对某事件具有索赔权力的证据，主要是该工程的合同文件，包括该工程具体合同文件、招标阶段的文件、履行合同中的变更、会谈纪要、备忘录、工程图纸、工程地质勘查报告、工程通知材料、建筑材料及设备的采购、订货、运输、保管等有关凭证及合同中规定的其他有索赔权力的有效证据。乙方在证明自己具有索赔权力时，必须详细指出所依据的文件的具体条款或内容，并按合同的解释顺序，不得断章取义。

③索赔事件所产生的不利影响的证据，主要是证明由于新情况的发生，对原施工计划、实际进度、施工顺序、施工机械、劳动力调配、材料供应、资金投入方面受到干扰而影响了生产效率、工程效益。这类证据因事件不同所涉及的问题相当广泛，但只要有充分的理由证明的确对工程产生了不利影响，就可作为证据。

④额外费用计算方法及基数的证据。承包方在处理索赔过程中提出的一些合理、有利于计算方法及计算基数的证据。

6.6.6.2　索赔费用的计算

(1) 索赔费用的组成

一般承包商可索赔的具体费用内容如图 6-2 所示。

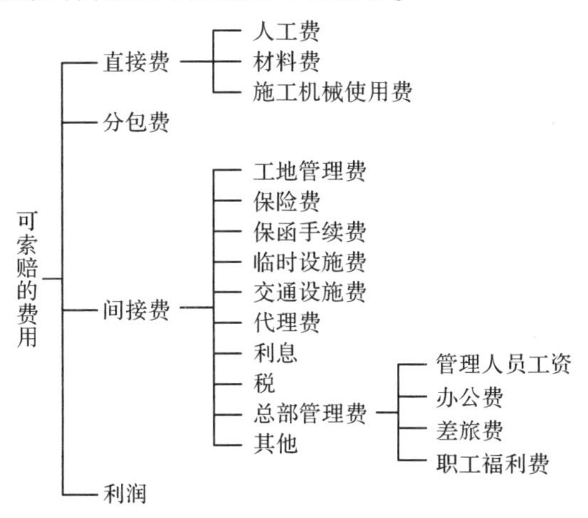

图 6-2　可索赔费用的组成部分

(2) 索赔费用的计算方法

①实际费用法　是工程索赔计算时最常用的一种方法。是以承包商为某项索赔工作所

支付的实际开支为依据，向业主要求费用补偿。每一项工程索赔的费用，仅限于在该项工程施工中所发生的额外人工费、材料费和施工机械使用费以及相应的管理费。

②总费用法　总费用法即总成本法，是指当发生多次索赔事件以后，重新计算该工程的实际总费用，实际总费用减去投标报价时的估算总费用，为索赔金额。此法只有在难以采用实际费用法时才采用。即：

索赔金额=实际总费用-投标报价估算总费用

③修正的总费用法　是在总费用计算的原则上，去掉一些不合理的因素，使其更合理。修正内容如下：

- 计算索赔时间只限于受外界影响的时间，而不是整个工期；
- 只计算受影响时段内的某项工作所受影响的损失，而不是该时段上的所有工作；
- 与该项工作无关的费用不列入总费用中；
- 对投标报价费用重新计算，按受影响时段内该项工作的实际单价，乘以实际完成的该项工作的工程量，得出调整后的实际费用。

其计算公式如下：

索赔金额=某项工作调整后的实际费用-该项工作的报价费用

(3)索赔处理方式

出现索赔事件后，经监理工程师证明与承包商协商后，一般可采取下列几种方法补偿业主损失。

①从应付给承包商的中期进度付款内扣除；

②从保留金(即滞留金)内扣除；

③履约保函内扣除或没收履约保函；

④如果承包商严重违反合同，给业主带来了即使采取上述各种措施也不足以补偿损失的话，还可以扣留承包商在现场的材料、设备、临时设施等财产作为补偿，或者按法律规定作为承包商的一种债务而要求赔偿。

对承包商延误工期的罚款应按照投标书附件规定的最高罚款限期内的拖延期计算。但当整个合同的完工期或规定的分项工程完工期之前，如果已对其中部分工程或分项工程签发了接收证书，则全部工程或该分项工程剩余部分的拖延工期日罚款额，在合同中没有其他规定时，应按未发证书部分的工程金额除以整个工程或分项工程的总金额所得的比例来折减，但不影响罚款规定的最高限额。即：

$$\text{折减的罚款额/天}=\text{合同规定罚款额/天}\times\frac{\text{未颁发接收证书工作金额}}{\text{全部(或单项)工程金额}}$$

拖延期罚款总额=折减的罚款额/天×延误天数(≤最高罚款限额)

6.6.6.3　反索赔

反索赔指业主向承包商提出的索赔，是由于承包商不履行或不完全履行约定的义务，或者由于承包商的行为使业主受到损失时，业主向承包商提出的索赔。反索赔的种类如下：

①工期延误反索赔　如果工程拖期的责任在承包商一方，则业主有权向承包商提出反索赔；拖延期损失赔偿费的总额，一般不能超过该工程项目合同价格的一定比例(通常为10%)。

②施工缺陷反索赔　承包施工合同条件一般都规定，如果承包商施工质量不符合施工技术规程的规定，或使用的设备和材料不符合合同规定，或者在缺陷责任期满以前未完成应进行修补的工程，业主有权向承包商追究责任，要求补偿业主所受的经济损失。如果承包商在规定的期限内仍未完成修补缺陷工作，业主有权向承包商提出反索赔。

③承包商不履行的保险费用索赔　如果承包商未能按照合同条款指定的项目投保，并保证保险有效，业主可以投保并保证保险有效，业主所支付的必要的保险费可在应付给承包商的款项中扣回。

④对指定分包商的付款索赔　在工程承包商未能提供已向指定分包商付款的合理证明时，业主可以直接按照监理工程师的证明书，将承包商未付给指定分包商的所有款项(扣除保留金)付给这个分包商，并从应付给承包商的任何款项中如数扣回。

⑤业主合理终止合同或承包商不正当地放弃工程的反索赔　如果业主合理地终止承包商的承包，或者承包商不合理地放弃工程，则业主有权从承包商手中收回由新的承包商完成工程所需的工程款与原合同未付部分的差额。

⑥其他损失反索赔　在施工索赔实践中，业主向承包商的反索赔要求，基本上属于前述的两方面的范畴，即工程拖期建成反索赔和施工缺陷反索赔。由于承包商的原因使业主在其他方面受到经济损失时，业主仍可提出反索赔要求。

6.6.6.4　索赔程序

索赔事件发生后，从承包商提出索赔申请开始，到索赔事件的最终处理，大致可划分成5个阶段。

(1)承包商提出索赔申请

在合同实施过程中，凡不属于承包商责任导致工程拖期和成本增加事件发生后的28天内，必须以正式函件通知监理工程师声明对此事项要求索赔，同时仍须遵照监理工程师的指令继续施工。逾期申报时，监理工程师有权拒绝承包商的索赔要求。

正式提出索赔申请后，承包商应抓紧准备索赔的证据资料，包括事件的原因、对其权益影响的证据资料、索赔的依据，以及计算出的该项事件影响所要求的赔偿额和申请暂延工期天数，并在索赔申请发出的28天内报出。如果索赔事件的影响继续存在，在28天内不可能准确地计算出索赔的款额和暂延工期天数时，经监理工程师同意，可以定期(一般每隔28天)陆续报出索赔证据资料和索赔款额及要求暂延工期天数。该索赔事件影响结束的28天以内，必须提出全面的索赔证据资料和累计索赔额报送监理工程师，并抄送业主。

(2)监理工程师审核承包商的索赔申请

正式接到承包商的索赔信件后，监理工程师立即研究承包商的索赔资料，依据自己的同期记录资料客观分析事件发生的原因，重温有关的合同条款，研究承包商提出的索赔证据。必要时还可以要求承包商进一步提交补充资料，包括索赔的更详细证明材料或索赔计算的依据。监理工程师通过对事件的充分分析，再进一步依据合同条款划清责任的归属，剔除承包商不合理要求部分，拟定出自己计算的合理索赔款额和工期暂延天数。

(3)监理工程师与承包商谈判

双方各自依据对这一事件的处理方案进行友好协商，若能通过谈判达成一致意见，则该事件较容易解决。如果双方对该事件的责任、索赔款额或工期暂延天数分歧较大，通过谈判无法达成共识，按照条款规定监理工程师有权确定一个他认为合理的单价或价格作为最终的处理意见，报送业主并相应通过承包商。不论是监理工程师通过与承包商谈判达成的协议，还是监理工程师单方面的决定，计算的索赔款额和暂延工期天数是在授予监理工程师的权限范围之内，即可签发变更指令，如果超过批准权限，则应报请业主批准。

(4)业主审批监理工程师的索赔处理证明

业主首先根据事件发生的原因、责任范围、合同条款审核承包商的索赔申请和监理工程师的处理报告，再根据工程建设的目的，投资控制、竣工投产要求，以及针对承包商在实施合同过程中的缺陷或不符合合同要求的地方提出反索赔方面的考虑，决定是否批准监理工程师的索赔报告。如果业主否定了承包商的索赔要求，则双方之间的分歧只能通过仲裁来解决。监理工程师的报告，经批准，即可签发支付证书或变更指令。

(5)承包商是否接受最终的索赔决定

承包商同意了最终的索赔决定，这一索赔事件即告结束。若承包商不接受监理工程师的单方面决定或业主的索赔款额或工期暂延天数，就会导致合同纠纷。通过谈判和协商双方达成互让的解决方案是处理纠纷的理想方式。如果双方不能达成谅解就只能诉诸仲裁。

6.6.6.5 监理工程师处理索赔的权限和工作内容

(1)监理工程师处理索赔的权限

监理工程师是受业主委托在监理合同授予的权限范围内对项目建设的实施进行组织、协调、监督和控制工作。虽然承包商的索赔报告首先提交监理工程师审查批准，但在处理合同事件时他不同于业主代表，不是对承包商提出的一切索赔要求都有批准和承诺的权力。监理工程师在处理索赔事件时应注意以下几点：

①监理工程师仅有权审查核实或批准承包商提出的合约内索赔要求，其他类型均由业主决定。

②经监理工程师核定的批准承包商暂延工期天数和经济补偿额的量值应该在业主授予的权限之内，凡超过权限的均须报请业主批准。

③监理工程师核定的索赔一般来说都与承包商的要求有一定的差距，要通过谈判协商达成一致。如果双方分歧较大，谈判达不成一致意见，监理工程师有权单方面决定一个他认为是合理的单价和价格。

(2)处理索赔的工作内容

①建立索赔档案 接到承包商的索赔申请后，监理工程师应及时建立索赔档案。索赔档案包括两方面的内容：一是将承包商的索赔报告编号、记录内容归档，并存入计算机；二是要立即对索赔项目(包括与此有关的施工项目)进行监督，特别要对这些项目的施工方

法、劳务和设备的使用情况，以及事件影响的进一步发展进行详细的了解，并做好记录以备核查。

②对索赔进行审核　监理工程师对单项索赔审核工作可分成判定索赔事项成立和核查承包商的索赔计算正确性两步进行。

承包商的索赔要求成立必须同时具备如下 4 个条件：

- 与合同相比较已经造成了实际的额外费用增加或工期损失；
- 造成费用增加或工期损失的原因不是由于承包商的过失；
- 按合同规定不应由承包商承担的风险；
- 承包商在事件发生后的规定时限内提出了书面的索赔意向通知。

上述 4 个条件没有先后主次之分，同时具备后监理工程师才能按照一定程序进行具体处理。

承包商可得到的索赔费用包括：人工费、机械设备费、材料费、分包费、保函费、保险费、利息、利润及管理费。

总之，索赔是一项综合性很强的复杂工作，除了需要有坚实的理论基础外，实践经验也非常重要，只有同时具备这两者，才能较好地评价和处理好承包商的索赔。

◇案例

案例 6-1　建设工程质量控制案例

某大型住宅小区园林工程项目，建设单位 A，将其实施阶段的工程监理任务委托给 B 监理公司进行监理，并通过招标决定将施工承包合同授予施工单位 C。在施工准备阶段，由于资金紧缺，建设单位向设计单位提出修改设计方案、降低设计标准，以便降低工程造价和投资的要求。设计单位为此将园林建筑工程及外装饰工程设计标准降低，减少了原设计方案的基础厚度。

【问题】

1. 针对上述设计变更情况，监理工程师应如何控制？
2. 通常对于设计变更，监理工程师应如何控制，注意些什么问题？
3. 在进行设计方案论证与评选时应遵循哪些原则？
4. 进行工程项目的总体方案评选时重点应侧重在哪些方面？
5. 进行专业设计方案评选时，重点应侧重在哪些方面？
6. 监理工程师在对设计方案评选与决策过程中进行质量控制应注意什么问题？

【分析】

1. 对上述设计变更，监理工程师应进行严格控制：

(1) 应对建设单位提出的变更要求进行统筹考虑，确定其必要性，并将变更对工程工期的影响及安全使用的影响通报建设单位，如必须变更，应采取措施尽量减少对工程的不利影响。

(2) 必须坚持变更符合国家强制性标准，不得违背。

(3)必须报请原审查机构审查批准后才实施变更。

2. 应注意以下问题:

(1)不论谁提出的设计变更要求,都必须征得建设单位同意并办理书面变更手续;

(2)涉及施工图审查内容的设计变更必须报原审查机构审查后再批准实施;

(3)注意随时掌握国家政策法规的变化及有关规范、规程、标准的变化,并及时将信息通知设计单位与建设单位,避免产生潜在的设计变更因素;

(4)加强对设计阶段的质量控制,特别是施工图设计文件的审核;

(5)对设计变更要求进行统筹考虑,确定其必要性及对工期、费用等的影响;

(6)严格控制对设计变更的签批手续,明确责任、减少索赔。

3. 进行设计方案评选与论证时,应遵循的原则包括:

(1)方案应符合国家有关工程建设的方针政策;

(2)符合现行设计标准、规范;

(3)在符合城市规划、消防、节能、环保的前提下,综合考虑设计方案的技术、经济、功能、造型等方面,就其能否发挥工程的社会效益、经济效益和环境效益进行评价。

4. 进行总体方案比较时(初步设计前或过程中),重点是比较设计依据、设计规模、组成及布局、设计配套、占地面积、建设期限、投资概算、环保、防震抗灾等的可靠性、合理性、经济性、先进性和协调性是否满足决策质量目标和水平。

5. 进行专业方案比较时,评选重点是分析比较设计方案的设计参数、设计标准、结构选型、功能和使用价值等方面是否满足是安全、适用、经济、美观等要求。

6. 监理工程师在评选与决策过程中进行质量控制应注意:

(1)设计方案比选应将技术问题与投资相联系,进行方案间的技术经济分析;

(2)制定监理规划时,必须明确设计应遵循的原则和程序,并征得建设单位同意;

(3)采用综合评估法时,应注意需量化的因素是否全面以及其权重分配是否合理;

(4)处理好质量、进度、投资三者关系,使其达到对立与统一;

(5)注意各方案间的差异,择其所长,提出方案整合或改进的建议。

案例 6-2 建设工程投资控制案例

某项工程业主与承包商签定了工程施工合同,合同中含两个子项工程,估算工程量甲项为 2300m^2,乙项为 3200m^2,经协商合同单价甲项为 180 元/m^2,乙项为 160 元/m^2。承包合同规定:

1. 开工前业主应向承包商支付合同价 20%的预付款;

2. 业主自第 1 个月起,从承包商的工程款中按 5%的比例扣留滞留金;

3. 当子项工程实际工程量超过估算工程量 10%时,可进行调价,调整系数为 0.9;

4. 根据市场情况规定价格调整系数,平均按 1.2 计算;

5. 监理工程师签发月度付款,最低金额为 25 万元;

6. 预付款在最后两个月扣除,每月扣 50%。

承包商每月实际完成并经监理工程师签证确认的工程量见表 6-2 所列:

表 6-2 签证工作量清单

面积	月份			
	1	2	3	4
甲项(m^2)	500	800	800	600
乙项(m^2)	700	900	800	600

第一个月工程量价款为 500×180+700×160=202 000(元)

应签证的工程款为 20.2×1.2×(1−5%)=230 280(元)

由于合同规定监理工程师签发的最低金额为 25 万元，故本月监理工程师不予签发付款凭证。

【问题】

1. 预付款是多少？

2. 从第 2 个月起每月工程量价款是多少？监理工程师应签证的工程款是多少？实际签发的付款凭证金额是多少？

【分析】

本题目重点考核学生对工程价款计算与支付签证等处理实际投资控制问题的能力，学生应根据工程背景材料中给出的条件，按承包合同规定的条件分月计算以上问题。

1. 预付款金额为(2300×180+3200×160)×20%=185 200(元)

2. 第 2 个月：

工程量价款为：800×180+900×160=28 800(元)

应签证的工程款为：28.8×1.2×0.95=328 320(元)

本月监理工程师实际签发的付款凭证金额为：230 280+328 320=558 600(元)

第 3 个月：

工程量价款为 800×180+800×160=272 000(元)

应签证的工程款为：27.2×1.2×0.95=310 080(元)

应扣预付款为：185 200×50%=92 600(元)

应付款为：310 080−92 600=217 480(元)

监理工程师签发月度付款最低金额为 25 万元，所以本月监理工程师不予签发付款凭证。

第 4 个月：

甲项工程累计完成工程量为 2700m^2，比原估算工程量 2300m^2 超出 400 m^2，2700−2300×(1+10%)=170(m^2)已超过估算工程量的 10%，超出部分其单价应进行调整。超过估算工程量 10%的工程量为：

这部分工程量单价应调整为：180×0.9=162(元/m^2)

甲项工程工程量价款为：(600−170)×180+170×162=104 940(元)

乙项工程累计完成工程量为：3000m^2，比原估算工程量 3200m^2 减少 200m^2，不超过估算工程量的 10%，其单价不予进行调整。

乙项工程工程量价款为600×160=96 000(元)

本月完成甲、乙两项工程量价款合计为104 940+96 000=200 940(元)

应签证的工程款为：200 940×1.2×0.95=229 070(元)

本月监理工程师实际签发付款凭证金额为：217 480+229 070−185 200×50%=353 950(元)。

◇实践教学

实训6-1 园林工程项目质量控制

一、实训目的

通过实训，使学生了解质量计划的编写方法，熟悉施工准备阶段、施工阶段的质量控制内容，掌握材料质量控制、机械设备质量控制、主要工序质量控制、成品保护、施工质量检查和验收以及质量问题处理的方法。

二、实训材料

提供一份完整的某园林工程的施工资料文件。

三、实训内容

(1)质量计划的内容和编写方法；

(2)园林工程质量控制的内容；

(3)材料质量控制、机械设备质量控制、主要工序质量控制、成品保护的方法；

(4)施工质量检查和验收的方法；

(5)质量事故的处理方法；

(6)根据所给资料及相关规范分析该工程质量控制的利弊；

(7)撰写一份规范的质量控制计划书。

四、实训方法

通过查找资料，分小组进行编制质量控制计划书。

五、实训要求与成果

每个小组独立完成一份标准、详尽的质量控制计划书。

实训6-2 园林工程项目进度控制

一、实训目的

通过实训，使学生了解进度计划的编写方法，熟悉施工阶段进度控制的内容，掌握编制进度计划的方法，掌握施工进度计划实施的检查、分析、调度及总结方法。

二、实训材料

提供一份完整的某园林工程的施工资料文件。

三、实训内容

(1)进度计划的内容和编写方法；

(2)园林工程进度控制的内容；

(3)条形图的绘制方法；

(4)施工进度计划实施的检查、记录、调度、总结方法；

(5)对该工程的进度计划实施情况进行分析、总结。

四、实训方法

通过查找资料，分小组进行工程进度计划报告编写。

五、实训要求与成果

每个小组独立完成一份规范、详细的该工程进度计划实施情况总结报告。

实训6-3　园林工程施工组织设计书的编写

一、实训目的

通过实训，使学生了解园林工程施工组织设计的类型，熟悉园林工程施工组织设计编写程序和主要内容，掌握单项园林工程施工组织设计的编写方法。

二、实训材料

提供某一单项园林工程的施工资料文件及相关技术标准。

三、实训内容

(1)园林工程施工组织设计和编写的程序，以及它们所包含内容的不同之处；

(2)单项园林工程施工的主要内容和相关的技术标准要求；

(3)根据资料和工程技术标准的要求，规范地写出该单项园林工程的施工组织设计。

四、实训方法

通过查找资料，分小组进行施工组织设计书的编写。

五、实训要求与成果

每个小组独立完成一份详尽的单项工程的施工组织设计书。

◇思考题

1. 名词解释：质量监理、进度监理、投资监理。
2. 园林工程施工合同签订的条件、原则和程序是什么？
3. 监理工程师对施工图的监理内容有哪些？
4. 园林工程施工组织设计的审查包括哪些内容？
5. 监理工程师对质量的控制方式有哪些？工程质量检查的内容有哪些？
6. 监理人员在什么情况下可以发出停工通知？
7. 园林工程监理对质量监理的方法和手段是什么？
8. 园林投资控制的含义是什么？园林监理对园林工程进行投资如何控制？
9. 为保证监理工程师有效地控制投资，对监理工程师授权的内容是什么？
10. 监理工程师在安全控制中的主要工作有哪些？
11. 园林工程施工合同管理方法和手段有哪些？

单元7　园林工程项目竣工验收与保修期监理

◇学习目标

【知识目标】

(1) 了解园林工程项目竣工验收的依据和标准。

(2) 掌握竣工验收时施工单位和监理工程师的准备工作。

(3) 掌握工程竣工验收的程序。

(4) 了解园林工程评定等级标准。

(5) 了解园林工程项目的交接工作。

(6) 了解工程的回访、养护及保修期的监理工作。

【技能目标】

(1) 能够编写工程竣工验收依据、标准和程序。

(2) 能够审核竣工结算和竣工决算。

7.1　园林工程项目竣工验收概述

7.1.1　园林工程项目竣工验收的概念和作用

当园林建设工程按设计要求完成施工并可以开放使用时，承接施工单位就要向建设单位办理移交手续，这种接交工作就称为项目的竣工验收。因此竣工验收既是对项目进行接交的必须手续，又是通过竣工验收对建设项目成果的工程质量和经济效益等进行全面考核和评估。

园林建设项目的竣工验收是园林建设全过程的一个阶段，它是由投资成果转化为使用，对公众开放，服务于社会，产生效益的一个标志。因此，竣工验收对促进建设项目尽快投入使用，发挥投资效益，全面总结建设过程的经验都具有很重要的意义和作用。

竣工验收一般是在整个建设项目全部完成后，一次集中验收，也可以分期分批组织验收，即对一些分期建设项目、分项工程在其建成后，只要相应的辅助设施能配套，并能够正常使用，就可组织验收，以使其及早发挥投资效益。因此，一个完整的园林建设项目或是一个单位工程建成后达到正常使用条件的，就应及时组织竣工验收。

7.1.2　园林工程项目竣工验收的依据和标准

(1) 竣工验收的依据

- 上级主管部门审批的计划任务书、设计纲要、设计文件等；
- 招投标文件和工程合同；
- 施工图纸和说明、设备技术说明书、图纸会审记录、设计变更签证和技术核定单；

• 国家或行业颁布的现行施工技术验收规范及工程质量检验评定标准；
• 有关施工记录及工程所用的材料、构件、设备质量合格文件及检验报告单；
• 承接施工单位提供的有关质量保证等文件；
• 国家颁布的有关竣工验收的文件；
• 引进技术或进口成套设备的项目还应按照签订的合同和国外提供的设计文件等资料进行验收。

(2)竣工验收的标准

园林建设项目涉及多种门类、多种专业，且要求的标准也各异，有些在目前尚未形成国家统一的标准，因此对工程项目或一个单位工程的竣工验收，可采用相应或相近工种的标准进行。

①土建工程的验收标准　凡园林工程、游憩、服务设施及娱乐设施应按照设计图纸、技术说明书、验收规范及建筑工程质量检验评定标准验收，并应符合合同所规定的工程内容及合格的工程质量标准。不论是游憩性建筑还是娱乐、生活设施建筑，不仅建筑物室内工程要全部完工，而且室外工程的明沟、踏步斜道、散水以及应平整建筑物周围场地要求清除障碍物，并达到水通、电通、道路通。

②安装工程的验收标准　按照设计要求的项目内容、技术质量要求及验收规范和验评超标准的规定，完成规定的各道工序，且质量符合合格要求。各项设备、电气、空调、仪表、通讯等工程项目全部安装完毕，经过单机、联动无荷试车，全部符合安装技术的质量要求，基本达到设计能力。

③绿化工程的验收标准　施工项目内容、技术质量要求及验收规范和质量应达到设计要求、验评标准的规定及各工序质量的合格要求，如树木的成活率，草坪铺设的质量，花坛的品种、纹样等。

7.2　园林工程项目竣工验收准备工作

竣工验收前的准备工作是竣工验收工作顺利进行的基础，承接施工单位、建设单位、设计单位和监理工程师均应尽早做好准备工作，其中以承接施工单位和监理工程师的准备工作尤为重要。

7.2.1　承接施工单位的准备工作

7.2.1.1　工程档案资料的汇总整理

工程档案是园林建设工程的永久性技术资料，是园林施工项目进行验收的主要依据。因此，档案资料的准备必须符合有关规定及规范的要求，必须做到准确、齐全，能够满足园林建设工程进行维修、改造和扩建的需要。一般包括以下内容：

• 上级主管部门对该工程的有关技术决定文件；
• 竣工工程项目一览表，包括竣工工程的名称、位置、面积、特点等；

- 地质勘察资料；
- 工程竣工图，工程设计变更记录，施工变更洽商记录，设计图纸会审记录等；
- 永久性水准点位置坐标记录，建筑物、构筑物沉降观测记录；
- 新工艺、新材料、新技术、新设备的试验和鉴定记录；
- 工程质量事故发生情况和处理记录；
- 建筑物、构筑物、设备使用注意事项文件；
- 竣工验收申请报告、工程竣工验收报告、工程竣工验收证明书、工程养护与保修证书等。

7.2.1.2 竣工自验

在项目经理的组织领导下，由生产、技术、质量、预算、合同和有关的工长或施工员组成验收小组。根据国家或地区主管部门规定的竣工标准、施工图和设计要求、国家或地区的质量标准和要求，以及合同所规定的标准和要求，对竣工项目按分段、分层、分项地逐一进行全面检查，预验小组成员按照自己所主管的内容进行自检，并做好记录，对不符合要求的部位或项目，要制定修补处理措施和标准，并限期修补好。施工单位在自验的基础上，对已查出的问题全部修补处理完毕后，项目经理应报请上级再进行复检，为正式验收做好充分准备。

园林建设工程的竣工检查主要有以下方面的内容：

(1) 园林建设用地

- 有无剩余的建筑材料；
- 有无残留渣土等；
- 有无尚未竣工的工程。

(2) 场区内外邻接道路

- 道路有无损伤或被污染；
- 道路上有无剩余的建筑材料、渣土等。

(3) 临时设施工程

- 和设计图纸对照确认现场已无残存物件；
- 和设计图纸对照确认现场已无残留草皮、树根；
- 向电力局、电话局、给排水公司等有关单位，提交解除合同的申请。

(4) 整地工程

①挖方、填方及残土处理作业　对照设计图纸和工程照片等，检查地面是否达到设计要求；检查残土处理量有无异常，残土堆放地点是否按照规定进行了整地作业等。

②种植地基土作业　对照设计图纸、工程照片、施工说明书，检查有无异常。

(5) 管理设施工程

①雨水检查井、雨水进水口、污水检查井等设施

- 和设计图纸对照有无异常；
- 金属构件施工有无异常；

- 管口施工有无异常；
- 进水口底部施工有无异常，进水口是否有垃圾积存。

②电器设备

- 和设计图纸对照有无异常；
- 线路、电压是否符合当地供电标准，通电后运行设备是否正常；
- 灯柱、电杆安装是否符合规程，有关部门认证的金属构件有无异常；
- 各用电开关应能正常工作。

③供水设备

- 和设计图纸对照有无异常；
- 通水试验有无异常；
- 供水设备应正常工作。

④挡土墙作业

- 和设计图纸对照有无异常；
- 试验材料有无损伤；
- 砌法有无异常；
- 接缝应符合规定，纵横接缝的外观质量有无异常。

(6)服务设施工程

①饮水作业

- 和设计图纸对照有无异常；
- 二次制品上有无污染；
- 金属构件有无污染；
- 下水进水口内部和管口施工的质量有无问题。

②服务性建筑

- 和设计图纸对照有无异常；
- 内、外装修上有无污损；
- 油漆工程有无污损；
- 污水进水口等的内部施工有无异常；
- 供电系统、电气照明方面有无异常；
- 上下水系统有无异常。

(7)园路铺装

①水磨石混凝土铺装

- 应按设计图纸及规范施工；
- 水磨石骨料有无剥离；
- 接缝及边角有无损伤；
- 伸缩缝及铺装表面有无裂缝等异常。

②块料铺装

- 应按施工设计图纸施工；

- 接缝及边角有无损伤;
- 块料与基础有无剥离、伸缩缝有无异常现象;
- 与其他构筑物的接合部位有无异常。

③台阶、路缘石施工

- 和设计图纸对照有无异常;
- 二次制品上有无污染;
- 接缝等有无异常，与基础等有无剥离等异常现象。

(8)运动设施工程

- 和设计图纸对照有无异常;
- 表面排水状况有无异常;
- 草坪播种有无遗漏;
- 表面施工是否良好，有无安全问题。

(9)休憩设施工程(棚架、长凳等)

- 和设计图纸对照是否符合要求;
- 工厂预制品有无污损;
- 油漆工程有无异常;
- 表面研磨质量等是否符合标准。

(10)游戏设施工程

①沙坑　和设计图纸对照有无异常；沙内有无混杂异物。

②游戏器具

- 和设计图纸对照有无异常;
- 游戏器具自身有无污损或异常;
- 油漆质量状况如何;
- 基础部分、木质部分、螺丝、螺帽等有无安全问题。

(11)绿化工程(主要检查高、中树栽植作业、灌木栽植、地被植物栽植等)

- 对照设计图纸，是否按设计要求施工，检查植株数量有无出入;
- 支柱是否牢靠，外观是否美观;
- 有无枯死的植株;
- 栽植地周围的整地状况是否良好;
- 草坪的栽植是否符合规定;
- 草坪和其他植物或设施的接合是否美观。

7.2.1.3 编制竣工图

竣工图是如实反映施工后园林建设工程情况的图纸。它是工程竣工验收的主要文件，园林施工项目在竣工前，应及时组织有关人员进行测定和绘制，以保证工程档案的完备和满足维修、管理养护、改造或扩建的需要。所以，竣工图必须做到准确、完整，并符合长期归档保存要求。

(1)竣工图编制的依据

施工中未变更的原施工图，设计变更通知书，工程联系单，施工变更洽商记录，施工放样资料，隐蔽工程记录和工程质量检查记录等原始资料。

(2)竣工图编制的内容要求

①施工过程中未发生设计变更，按图施工的工程项目，应由施工单位负责在原施工图纸上加盖"竣工图"标志，可作为竣工图使用。

②施工过程中有一般的设计变更，但没有较大结构性的或重要管线等方面的设计变更，而且可以在原施工图上修改和补充时，可不再绘制新图纸，由施工单位在原施工图纸上注明修改和补充后的实际情况，并附以设计变更通知书、设计变更记录和施工说明，然后加盖"竣工图"标志，亦可作为竣工图使用。

③施工过程中凡有重大变更或全部修改的，如结构形式改变、标高改变、平面布置改变等，不宜在原施工图上修改或补充时，应重新绘制实测改变后的竣工图，施工单位负责在新图上加盖"竣工图"标志，并附上相关记录和说明作为竣工图使用。

竣工图必须做到与竣工的工程实际情况完全吻合，不论是原施工图还是新绘制的竣工图，都必须是新图纸，必须保证绘制质量，完全符合技术档案的要求，坚持竣工图的核、校、审制度，重新绘制的竣工图，一定要经过施工单位主要技术负责人的审核签字。

7.2.1.4　进行工程设施与设备的试运转和试验的准备工作

一般包括：安排各种设施、设备的试运转和考核计划；各种游乐设施尤其是关系到人身安全的设施，如缆车等的安全运行应是运行和试验的重点；编制各运转系统的操作规程；对各种设备、电气、仪表和设施做全面的检查和校验；进行电气工程的全负荷试验，管网工程的试水、试压试验；喷泉工程试水等。

7.2.2　监理工程师的准备工作

园林建设项目实行监理工程的监理工程师，应做好以下竣工验收的准备工作：

(1)编制竣工验收的工作计划

监理工程师是竣工验收的重要组织者，他首先应提交验收计划，计划内容分竣工验收的准备、竣工验收、交接与收尾3个阶段的工作。每个阶段都应明确其时间、内容、标准等要求。该计划应事先征得施工单位的一致意见。

(2)整理、汇集各种经济与技术资料

总监理工程师于项目正式验收前，应指示其所属的各专业监理工程师，按照原有的分工，对各自负责管理监督的项目的技术资料进行一次认真的清理。大型的园林建设工程项目的施工期往往是1~2年或更长的时间，因此必须借助以往收集积累的资料，为监理工程师在竣工验收中提供有益的数据的情况，其中有些资料将用于对承接施工单位所编制的竣工技术资料的复核、确认和办理合同责任、工程结算和工程移交。

(3)拟定竣工验收条件、验收依据和验收必备技术资料

拟定竣工验收条件、验收依据和验收必备技术资料是监理单位必须要做的另一项重要

准备工作。监理单位应将上述内容拟定好后分发给建设单位、承接施工单位、设计单位及现场的监理工程师。

①竣工验收条件

• 合同所规定的承包范围的各项工程内容均已完成。

• 各分部分项及单位工程均已由承接施工单位进行了自检自验(隐蔽的工程已通过验收)，且都符合设计和国家施工及验收规范及工程质量验评标准、合同条款的规定等。

• 电力、上下水、通讯等管线等均与外线接通、联通试运行，并做相应的记录。

• 竣工图已按有关规定如实绘制，验收的资料已备齐，竣工技术档案按当地档案部门的要求进行整理。

对于大型园林建设项目，为了尽快发挥园林建设成果的效益，也可分期、分批地组织验收，陆续交付使用。

②竣工验收的依据　列出竣工验收依据，并进行对照检查。

③竣工验收必备的技术资料　大中型园林建设工程进行正式验收时，往往是由验收委员会(或验收小组)来验收。而验收委员会(或验收小组)的成员经常要先审阅已进行中间验收或隐蔽工程验收等的资料，以全面了解工程的建设情况。为此，监理工程师与承接施工单位应主动配合验收委员会(或验收小组)的工作，对提出的问题质疑，应给予解答。需向验收委员会(或验收小组)提供的技术资料主要有：竣工图和分项、分部工程检验评定的技术资料(如果是对一个完整的建设项目进行竣工验收，还应有工程单位的竣工验收的技术资料)。

④竣工验收的组织　一般园林建设工程项目多由建设单位邀请设计单位、质量监督及上级主管部门组成验收小组进行验收。工程质量由当地工程质量监督站核定质量等级。

7.3 园林工程项目竣工验收程序

一个园林建设工程项目的竣工验收，一般按以下程序进行。

7.3.1 竣工项目的预验收

竣工项目的预验收，是指在承接施工单位完成自检自验并认为符合正式验收条件，在申报工程验收之后和正式验收之前的这段时间内进行的。委托监理的园林建设工程项目，总监理工程师即应组织其所有各专业监理工程师来完成。竣工预验收要吸收建设单位、设计、质量监督人员参加，而承接施工单位也必须派人配合竣工验收工作。

由于竣工预验收的时间较长，又多是各方面派出的专业技术人员，因此对验收中发现的问题多在此时解决，为正式验收创造条件。为做好竣工预验收工作，总监理工程师要提出预验收方案，这个方案含预验收需要达到的目的和要求；预验收的重点；预验收的组织分工；预验收的主要方法和主要检测工具等，并向参加预验收的人员进行交底。

预验收工作大致可分为以下两部分：

7.3.1.1 竣工验收资料的审查

工程资料是园林建设工程项目竣工验收的重要依据之一。认真审查技术资料，不仅是满足正式验收的需要，也是为工程档案资料的审查打下基础。

(1)技术资料主要审查的内容

- 工程项目的开工报告；
- 工程项目的竣工报告；
- 图纸会审及设计交底记录；
- 设计变更通知单；
- 技术变更核定单；
- 工程质量事故调查和处理资料；
- 水准点位置、定位测量记录；
- 材料、设备、构件的质量合格证书；
- 试验、检验报告；
- 隐蔽工程记录；
- 施工日志；
- 竣工图；
- 质量检验评定资料；
- 工程竣工验收有关资料。

(2)技术资料审查方法

①审阅 边看边查，把有不当的及遗漏或错误的地方都记录下来，然后重点仔细审阅，做出正确判断，并与承接施工单位协商更正。

②校对 监理工程师将自己日常监理过程中所收集积累的数据、资料，与承接施工单位提供的资料一一校对，凡是不一致的地方都记录下来，然后与承接施工单位商讨，如果仍然不能确定的地方，再与当地质量监督站及设计单位来佐证资料的核定。

③验证 出现几方面资料不一致而难以确定时，可以重新量测实物予以验证。

7.3.1.2 工程竣工的预验收

园林建设工程的竣工预验收，在某种意义上说，它比正式验收更为重要。因为正式验收时间短促，不可能详细地、全面地对工程项目一一察看，而主要依靠工程项目的预验收。因此所有参加预验收的人员均要有高度的责任感，并在可能的检查范围内，对工程的数量、质量进行全面确认，特别对那些重要部位和易于遗忘的部位都应分别登记造册，作为预验收的成果资料，提供给正式验收中的验收委员参考和承接施工单位进行整改。

预验收主要进行以下几方面工作：

(1)组织与准备

参加预验收的监理工程师和其他人员，应按专业或区段分组，并指定负责人。验收检查前，先组织预验收人员熟悉有关资料，制订检查顺序方案，并将检查项目的各子项目及重点检查部位以表或图列示出来。同时工具、记录、表格均准备好，以待检查中使用。

(2)组织预验收

检查中，分成若干专业小组进行，划定各自工作范围，以免相互干扰。

园林建设工程的预验收，要全面检查各分项工程。检查的方法有以下几种：

①直观检查　是一种定性的、客观的检查方法，直观检查由于手摸眼看方式，因此需要有丰富经验和掌握标准熟练的人员才能胜任此项工作。由于这种检查方法掺有检查人员的主观因素，因此有时会遇到同一工程有不同的检查结论，遇到这种情况时，可以协商统一认识，统一检查结论。

②实测质量检查　对一些能够实测实量的工程部位都应通过实测实量提取数据。

③点数　对各种设施、器具、配件、栽植苗木都应一一点数、查清、记录，如有遗缺不足的或质量不符合要求的，都应通知承接施工单位补齐或更换。

④操纵动作　实际操作是对功能和性能检查的好办法，对一些水电设备、游乐设施等应起动检查。

上述检查之后，各专业组长应向总监理工程师报告检查验收报告结果。如果检查出的问题较多较大，则应指令承接施工单位限期整改并进行再次复验，如果存在的问题仅属一般性，除通知承接施工单位抓紧修整外，总监理工程师即应编写预验收报告一式三份，一份给承接施工单位供整改用，一份给项目建设单位以备正式验收时转交给验收委员会，一份由监理单位自存。这份报告除文字论述外，还应附上全部预验收检查的数据。与此同时，总监理工程师应填写竣工验收申请报告报送项目建设单位。

7.3.2　正式竣工验收

正式竣工验收是由国家、地方政府、建设单位以及有关单位领导和专家参加的最终整体验收。大中型园林建设项目正式竣工验收，一般由竣工验收委员会(或验收小组)的主任(组长)主持，具体的事务性工作可由总监理工程师来组织实施。

7.3.2.1　准备工作

①向各验收委员会委员单位发出请柬，并书面通知设计、施工及质量监督等有关单位。

②拟定竣工验收的工作议程，报验收委员会主任审定。

③选定会议地点。

④准备好一套完整的竣工和验收的报告及有关技术资料。

7.3.2.2　正式竣工验收程序

①验收委员会主任主持验收委员会会议。会议首先宣布验收委员名单，介绍验收工作议程及时间安排，简要介绍工程概况，说明此次竣工验收工作的目的、要求及做法。

②由设计单位汇报设计实施情况及对设计的自检情况。

③由承接施工单位汇报施工情况以及自检自验的结果情况。

④由监理工程师汇报工程监理的工作情况和预验收结果。

⑤在实施验收中，验收人员先后对竣工验收技术资料及工程实物进行验收检查；也可分成两组，分别对竣工验收的技术资料及工程实物进行验收检查。在检查中可吸收监理单位、设计单位、质量监督人员参加。在广泛听取意见、认真讲座的基础上，统一提出竣工验收的结论意见，如无异议意见，则予以办理竣工验收证书和工程竣工鉴定书。

⑥验收委员会主任或副主任宣布验收委员会的验收意见，举行竣工验收证书和鉴定书的签字仪式。

⑦建设单位代表发言。

⑧验收委员会会议结束。

7.3.2.3 工程质量验收方法

园林建设工程质量的验收是按工程合同规定的质量等级，遵循现行的质量评定标准，采用相应的手段对工程分阶段进行质量认可与评定。

(1)隐蔽工程验收

隐蔽工程是指那些在施工过程中上一工序的工作结束，被下一工序所掩盖，而无法进行复查的部位，如混凝土工程的钢筋、基础的土质、断面的尺寸、种植坑、直埋电缆等管网。因此，对这些工程在下一项工程施工前，现场监理人员应按照设计要求、施工规范，采用必要的检查工具，对其进行检查验收。如果符合设计要求及施工规范规定，应及时签署隐蔽工程记录交承接施工单位归入技术资料；如不符合有关规定，应以书面形式告诉承接施工单位，令其处理，处理符合要求后再进行隐蔽工程验收与签证。

隐蔽工程验收通常是结合质量控制中技术复核、质量检查工作进行，重要部位改变时可摄影以备查考。隐蔽工作验收项目及内容一般见表7-1所列。

表7-1 隐蔽工程验收项目和内容

项　目	验　收　内　容
基础工程	地质、土质、标高、断面、桩的位置数量、地基、垫层等
混凝土工程	钢筋的品种、规格、数量、位置、形状、焊缝接头位置，预埋件数量及位置以及材料代用等
防水工程	屋面、水池、水下结构防水层数、防水处理措施等
绿化工程	土球苗木的土球规格、根系状况、种植穴规格、施基肥数量、种植土的处理等
其他	管线工程、完工后无法进行检查的工程等

(2)分项工程验收

对于重要的分项工程，监理工程师应按照合同的质量要求，根据该分项工程的实际情况，参照质量评定标准进行验收。

在分项工程验收中，必须按有关验收规范选择检查点数，然后计算出基本项目和允许偏差项目的合格或优良的百分比，最后确定出该项分项工程的质量等级，从而确定能否验收。

(3)分部工程验收

根据分项工程质量验收结论，参照分部工程质量标准，可得出该分部工程的质量等级，以便决定可否验收。

(4)单位工作竣工验收

通过分项、分部工程质量等级的统计推断，再结合对质保资料的核查和单位工程质量观感评分，便可系统地对整个单位工程做出全面的综合评定，从而决定是否达到合同所要求的质量等级，进而决定能否验收。

7.4 园林工程项目评定等级标准

按照我国现行标准，分项、单项、项目工程质量的评定等级分为合格与优良两级。因此，监理工程师在工程质量的评定验收中，只能按合同要求的质量等级进行验收。国内园林建设工程质量等级由当地工程质量监督站或上级业务主管部门核定。

7.4.1 工程质量等级标准

(1)分项工程的质量等级标准

①合格　保证项目必须符合相应质量评定标准的规定。基本项目抽检处(件)应符合相应质量评定的合格规定。

允许偏差项目抽检的点数中，土建工程有70%及以上，设备安装工程有80%及以上的实测值在相应质量评定标准的允许偏差范围内，其余的实测值也应基本达到相应质量评定标准的规定。而植物材料的检查有的是凭植株数，如各种乔木；有的则凭完工形状，如草坪、草花、竹类等。

②优良　保证项目必须符合质量检验评定标准的规定。基本项目每项抽检的处(件)应符合相应质量检验评定标准的合格规定，其中50%及以上的处(件)符合优良规定，该项为优良；优良项数占抽检项数50%及以上，该检验项目即为优良。允许偏差项目抽检的点数中，有90%及以上的实测值在相应质量标准的允许偏差范围内，其余的实测值也应基本达到相应质量评定标准的规定。

(2)单项工程质量等级标准

①合格　所含分项的质量全部合格。

②优良　所含分项的质量全部合格，其中50%及以上为优良。

(3)项目工程质量等级标准

①合格　所含分部工程全部合格。质量保证资料应符合规定。观感质量的评定得分率达到70%及以上。

②优良　所含各部分的质量全部合格，其中有50%及其以上优良。质量保证资料应符合规定。观感得分率达到85%及其以上。

7.4.2 工程质量的评定

对于工程质量的评定，由于涉及单项工程、项目工程的质量评定和工程能否验收，所以监理工程师在评定过程中应做到认真细致，以确定能否验收。按现行工程质量检验评定标准，工程质量的评定主要有以下内容：

(1)保证项目

保证项目是涉及园林建设工程结构安全或重要使用性能的分项工程，它们应全部满足标准规定的要求。

(2)基本项目

基本项目对园林建设成果的使用要求、使用功能、美观等都有较大影响，必须通过抽查来确定是否合格，是否达到优良的工程内容，它在分项工程质量评定中的重要性仅次于保证项目。

基本项目的主要内容包括：

- 允许有一定的偏差项目，但又不宜纳入允许偏差项目。因此在基本项目中用数据规定出优良和合格的标准。
- 对不能确定偏差值而又允许出现一定缺陷的项目，则以缺陷的数量来区分合格与优良。
- 采用不同影响部位区别对待的方法来划分优良与合格。
- 用程度来区分项目的合格和优良。当无法定量时，就用不同程度的措辞来区分合格和优良。

(3)允许偏差项目

这指结合对园林建设工程使用功能、观感等的影响程度，根据一般操作水平允许有一定的偏差，但偏差在一定范围内的工作内容。

允许偏差的数据有以下几种情况：

①有正、负要求的数值；

②偏差值无正、负概念的数值，直接注明数字，不标符号；

③要求大于或小于某一数值；

④要求在一定范围内的数值；

⑤采用相对比例值确定偏差值。

7.5 园林工程项目交接

竣工验收及质量评定工作结束，标志着园林建设工程项目的投资建设业已完成，并将投入使用。此时建设单位即应努力完善各项准备工作，争取建成的园林建设成果早日发挥其社会、经济效益；而承接施工单位应抓紧处理工程遗留问题，以尽快地将工程交付建设单位，为建设单位的经营使用准备提供方便；作为建设单位代表的监理工程师，则应督促双方尽快地完成收尾和移交工作。

7.5.1 工程移交

一个园林建设工程项目虽然通过了竣工验收，并且有的工程还获得验收委员会的高度评价，但实际中往往是或多或少地存在一些漏项以及工程质量方面的问题。因此，监理工程师要与承接施工单位协商一个有关工程收尾的工作计划，以便确定工程正式办理移交。由于工程移交不能占用很长的时间，因而要求承接施工单位在办理移交工作中力求使建设单位的接管工作简便。移交清点工作结束之后，监理工程师签发工程竣工移交证书，见表7-2。

表7-2　竣工移交证书

<table>
<tr><td>工程名称</td><td></td></tr>
<tr><td>合同号</td><td></td></tr>
<tr><td>监理单位</td><td></td></tr>
<tr><td colspan="2">致建设单位____________：
兹证明____________号竣工报验单所报____________工程已按合同和监理工程师的指示完成，从____________开始，该工程进入保修阶段。
附注：(工程缺陷和未完工程)
监理工程师：　　　　日期：</td></tr>
<tr><td colspan="2">总监理工程师的意见：
签名：　　　　日期：</td></tr>
</table>

签发的工程移交接书一式三份，建设单位、承接施工单位、监理单位各一份。工程交接结束后，承接施工单位即应按照合同规定的时间内抓紧对临建设施的拆除和施工人员及机械的撤离工作，并做到工完场地清。

7.5.2　技术资料移交

园林建设工程的主要技术资料是工程档案的重要部分。因此在正式验收时就应该提供完整的工程技术档案，由于工程技术档案有严格的要求，内容又很多，往往又不仅是承接施工单位一家的工作，所以常常只要求承接施工单位提供工程技术档案的核心部分，而整个工程档案的归整、装订则留在竣工验收结束后，由建设单位、承接施工单位和监理工程师共同完成。在整理工程技术档案时，通常是建设单位与监理工程师将保存的资料交给承接施工单位来完成，最后交给监理工程师校对审阅，确认符合要求后，再由承接施工单位档案部门按要求装订成册，统一验收保存。此外，在整理档案时一定要注意份数备足，内容见表7-3。

表7-3　移交技术材料内容一览表

工程阶段	移交档案资料内容
项目准备及施工准备	1. 申请报告，批准文件； 2. 有关建设项目的决议、批示及会议记录； 3. 可行性研究，方案论证资料； 4. 征用土地、拆迁、补偿等文件； 5. 工程地质(含水文、气象)勘察报告； 6. 概预算； 7. 承包合同、协议书、招投标文件； 8. 企业执照及规划、园林、消防、环保、劳动等部门审核文件

（续）

工程阶段	移交档案资料内容
项目施工	1. 开工报告； 2. 工程测量定位记录； 3. 图纸会审、技术交底； 4. 施工组织设计等； 5. 基础处理、基础工程施工文件；隐蔽工程验收记录； 6. 施工成本管理的有关记录； 7. 工程变更通知单，技术核定单及材料代用单； 8. 建筑材料、构件、设备质量保证单及进场试验记录； 9. 栽植的植物材料名录、栽植地点及数量清单； 10. 各类植物材料已采取的养护措施及方法； 11. 假山等非标工程的养护措施及方法； 12. 古树名木的栽植地点、数量、已采取的保护措施等； 13. 水、电、暖、气等管线及设备安装工程记录和检验记录； 14. 工程质量事故的调查报告及所采取处理措施的记录； 15. 分项、单项工程质量评定记录； 16. 项目工程质量检验评定及当地工程质量监督站核定的记录； 17. 其他(如施工日志)等； 18. 竣工验收申请报告
竣工验收	1. 竣工项目的验收报告； 2. 竣工决算及审核文件； 3. 竣工验收的会议文件、会议决定； 4. 竣工验收质量评价； 5. 工程建设的总结报告； 6. 工程建设中的照片、录像以及领导、名人的题词等； 7. 竣工图(含土建、设备、水、电、暖、绿化种植等)

7.5.3 其他移交工作

为确保工程在生产或使用中保持正常的运行，实行监理的园林建设工程的监理工程师还应督促做好以下各项的移交工作。

(1)使用保养提示书

由于承接施工单位和监理工程师已经经历了建设过程各个阶段的工作，对园林施工中某些新设备、新设施和新的工程材料等的使用和性能已积累了不少经验和教训，承接施工单位和监理工程师应把这方面的知识，编写成“使用保养提示书”，以便使用部门能及时掌握，正确操作。

(2)各类使用说明书

各类使用说明书及有关装配图纸是管理者必备的技术资料。因此承接施工单位应在竣工验收后，及时收集列表汇编，并于交工时移交给建设单位，移交时也应办理交接手续。

(3)交接附属工具零配件及备用材料

当前不少厂家都为其生产的设备提供一些专门的维修工具和附属零件，并对易损件及材料提供一定数量的备品、备件，如喷泉、喷灌设备。这些对今后维持正常的运转和使用都是十分重要的。监理工程师应于竣工时协同承建单位将其全部交还给建设单位。如有遗失损坏，应按合同中的规定给予赔偿。

(4)厂商及总、分包承接施工单位明细表

园林建设工程项目在其使用中，管理者对许多技术问题不清楚时，需要向总、分包承接施工单位及生产厂家进行咨询或购买专用的零配件。为此，在移交工作中，监理工程师应与承接施工单位一起将工程使用的材料、设备的供应、生产厂家及分包单位列出明细表，以便解决今后在长期使用中出现的具体问题。

(5)抄表

工程交接中，监理工程师还应协助建设单位与承接施工单位做好水表、电表及机电设备、内存油料等数据进行交接，以便双方财务往来结算。

7.6 园林工程项目回访、养护及保修

园林建设工程项目交付使用后，在一定期限内施工单位应到建设单位进行工程回访，对该项园林建设工程的相关内容实行养护管理和维修。对由于施工责任造成的使用问题，应由施工单位负责修理，直到达到能正常使用为止。

回访、养护及保修，体现了承包者对工程项目负责的态度和优质服务的作风，并在回访、养护及保修的同时，进一步发现施工中的薄弱环节，以便总结施工经验，提高施工技术和质量管理水平。

7.6.1 回访的组织与安排

在项目经理的领导下，由生产、技术、质量及有关方面人员组成回访小组，必要时，邀请科研人员参加。回访时，由建设单位组织座谈会或意见听取会，听取各方面的使用意见，认真记录存在的问题，并查看现场，落实情况，写出回访记录或回访纪要。通常采用下面3种方式进行回访。

(1)季节性回访

一般是雨季回访屋面、墙面的防水情况，自然地面、铺装地面的排水组织情况，植物的生长情况；冬季回访植物材料的防寒措施搭建效果，池壁驳岸工程有无冻裂现象等。

(2)技术性回访

主要了解园林施工中采用的新材料、新技术、新工艺、新设备的技术性能和使用后的效果；新引进的植物材料的生长状况等。

(3)保修期满前的回访

主要是保修期将结束，提醒建设单位注意各设施的维护、使用和管理，并对遗留问题

进行处理。

7.6.2 养护保修的范围、时间和内容

(1)养护保修范围

一般来讲，凡是园林施工单位的责任或者由于施工质量不良而造成的问题，都应该实行保修。

(2)养护保修时间

自竣工验收完毕次日算起，绿化工程一般为1年，由于竣工当时不一定能看出栽植的植物材料的成活，需要经过一个完整的生长期的考验，因而一年是最短期限。土建工程和水、电、卫生和通风等工程，一般保修期为1年，采暖工程为一个采暖期。保修期长短也可以承包合同为准。

(3)养护保修内容

保修期内对植物材料的浇水、修剪、施肥、打药、除虫、搭建风障、间苗、补植等日常养护工作，应按施工规范，经常性地进行。

在保修期内，不论是回访中发现的问题，还是建设单位反映的问题，凡属于因施工质量而影响园林建设成果使用和正常发挥其功能的，施工单位必须尽快派人前往检查，并会同建设单位共同做出鉴定，提出修理方案，采取有效措施，及时加以解决。修理完毕后，要在保修证书的"保修记录"栏内做好记录，并经建设单位验收签字，表示修理工作完结。

7.6.3 经济责任

园林建设工程一般比较复杂，修理项目往往由多种原因造成，所以，经济责任必须根据修理项目的性质、内容和修理原因诸因素，由建设单位、施工单位和监理工程师共同协商处理。一般分为以下几种：

①养护、修理项目确实由于施工单位责任或施工质量不良遗留的隐患，应由施工单位承担全部检修费用。

②养护、修理项目是由建设单位和施工单位双方的责任造成的，双方应实事求是地共同商定各自承担的修理费用。

③养护、修理项目是由于建设单位的设备、材料、成品、半成品等的不良等原因造成的，应由建设单位承担全部修理费用。

④养护、修理项目是由于用户管理使用不当，造成建筑物、构筑物等功能不良或苗木损伤死亡时，应由建设单位承担全部修理费用。

7.6.4 养护、保修阶段的监理

监理工程师在养护、保修期内的监理内容，主要是检查工程状况，鉴定质量责任，督促和监督养护、保修工作。

养护、保修期内监理工作依据是有关建设法规、有关合同条款(工程承包合同及承接

施工单位提供的养护、保修证书)。有些非标施工项目，则以合同方式与承建单位协商解决。

7.6.4.1 保修期内的监理方法

(1)工程状况的检查

①定期检查　当园林建设项目投入使用后，开始时每旬或每月检查1次，如3个月后未发现异常情况，则可每3个月检查1次。如有异常情况出现时则缩短检查的间隔时间。当经受暴雨、台风、地震、严寒后，监理工程应及时赶赴现场进行观察和检查。

②检查的方法　检查的方法有访问调查法、目测观察法、仪器测量法3种，每次检查不论使用什么方法都要详细记录。

③检查的重点　园林建设工程状况的检查重点应是主要建筑物、构筑物的结构质量，水池、假山等工程是否有不安全因素出现。在检查中要对结构的一些重要部位、构件重点观察检查，对已进行加固补强的部位更要进行重点观察检查。

(2)督促和监督养护、保修工作

养护、保修工作主要内容是对质量缺陷的处理，以保证新建的园林项目能以最佳状态面向社会，发挥其社会、环保及经济效益。监理工程师的责任是督促完成养护、保修的项目，确认养护、保修质量。各类质量缺陷的处理方案，一般由责任方提出，监理工程师审定执行。如责任方为建设单位，则由监理工程师代拟，征求实施的单位同意后执行。

7.6.4.2 养护、保修工作的结束

监理单位的养护、保修责任期为1年，在结束养护保修期时，监理单位应做好以下工作：

①将养护、保修期内发生的质量缺陷的所有技术资料归档整理；

②将所有满期的合同书及养护、保修书归整之后交还给建设单位；

③协助建设单位办理养护、维修费用的结算工作；

④召集建设单位、设计单位、承接施工单位联席会议，宣布养护、保修期结束。

◇**案例**

案例7-1　施工期阶段监理

某监理公司与业主签订的大雄宝殿桩基监理合同已履行完毕，上部工程监理合同尚未最后签字。此时业主与施工单位签订的大雄宝殿地下室挖土合同正在履行之中，业主为了节省资金，自己确定了挖土方案，施工单位明知该方案会造成桩基偏移破坏，却没做任何反映，导致部分工程桩在挖土过程中柱顶偏移断裂。在大量的监测数据证明下，监理单位建议业主通知施工单位停止挖土，重新讨论挖土方案，新的方案实行后，剩下的桩基未受任何破坏，但补桩加固花费60万元，耽误工期近2个月。

【问题】

1. 监理单位这样做对吗？根据是什么？

2. 多花费的 60 万元该谁承担?

3. 业主是否应该给承包方延长工期?

【分析】

1. 对。因为监理合同尚未签订，所以监理单位只能从工程质量大计出发，本着良好服务精神，向业主单位建议通知施工单位停工，这样既不违反监理程序，又杜绝了工程桩的进一步破坏，并在业主面前树立了良好的服务形象。

2. 业主方和施工方合理分担。该工程的主要责任方是决定挖土方案的业主方，次要责任方是施工方，因为施工方在接受方案时，明知不妥，却照此施工，造成部分工程桩断裂，故这部分花费应由双方协商解决。

3. 应适当延长工期。

案例 7-2　施工安全责任

某市一旅游开发公司投资兴建一幢高层景观塔，工程由该市某建筑工程公司承担施工总包任务。该总包单位又将该工程中的土方工程分包给某专业工程公司。某年某月某日，该基坑工程在开挖的过程中发生大量流砂涌入，引起基坑受损及周边地区地面沉降，造成 3 幢建筑物严重倾斜及部分防护桩沉陷变形，直接经济损失惨重。因事故处理及时，未造成人员伤亡。经调查，造成事故的原因是分包单位某工程公司采用的施工方案调整存在缺陷，施工过程中没有针对某部位地质基本情况采取支护措施，就进行开挖；分包项目存在漏洞，总包单位也未就施工方案向分包单位作说明，总包单位的质量安全员也很少去施工作业面进行技术、质量安全检查。

【问题】

1. 依据《建设工程安全生产管理条例》，施工单位项目负责人对施工项目安全生产的主要职责是什么?

2. 依据《建设工程安全生产管理条例》，施工单位专职安全生产管理人员对施工项目安全生产的主要职责是什么?

3. 总承包单位和分包单位之间的安全生产职责关系如何? 该工程项目的安全事故责任由谁承担主要责任?

【分析】

1. 依据《建设工程安全生产管理条例》的有关规定，施工单位的项目负责人对施工项目安全生产的主要职责如下:

①落实安全生产责任制度;

②落实安全生产规章制度和操作规程;

③确保安全生产费用的有效使用;

④根据工程的特点组织制定安全施工措施，消除安全事故隐患;

⑤及时、如实报告生产安全事故。

2. 依据《建设工程安全生产管理条例》，施工单位专职安全生产管理人员对施工项目安全生产的主要职责是：负责对安全生产进行现场监督检查；发现安全事故隐患，应当及时向项目负责人和安全生产管理机构报告；对违章指挥、违章操作的，应当立即制止。

3. 依据《建设工程安全生产管理条例》，总承包单位和分包单位之间的安全生产职责关系如下：

①建设工程实行施工总承包的，由总承包单位对施工现场的安全生产责任负总责；

②总承包单位依法将建设工程分包给其他单位的，分包合同中应当明确各自的安全生产方面的权利、义务，总承包单位和分包单位对分包工程的安全生产承担连带责任；

③分包单位应当服从总承包单位的安全生产管理，分包单位不服从管理导致生产安全事故的，由分包单位承担主要责任。

本案例中总包单位未就施工方案向分包公司作说明，是总承包单位没有尽到自己的职责，应当由总承包单位承担主要责任。

◇思考题

1. 名词解释：竣工验收。
2. 园林工程竣工验收的依据和标准是什么？
3. 园林工程竣工时监理工程师应对建设单位提供哪些工程档案？
4. 正式竣工验收的准备工作和验收程序是什么？
5. 园林工程项目的交接包括哪几方面内容？
6. 试述养护、保修、保活期阶段的管理。

单元 8　园林工程建设监理信息管理

◇学习目标

【知识目标】

(1) 了解园林工程建设监理信息的分类。

(2) 了解园林工程建设监理信息管理的基本任务。

(3) 掌握园林工程建设信息管理的内容。

(4) 了解园林工程建设监理信息系统的作用。

(5) 了解园林工程建设监理信息系统。

【技能目标】

(1) 能够运用所学知识进行园林工程项目信息管理。

(2) 能够利用组织协调原理进行园林工程项目建设内部关系的协调。

8.1　园林工程建设监理信息管理概述

园林工程监理的主要工作是工程建设过程控制，控制的基础是信息，信息管理是园林工程建设的一项重要内容。及时掌握准确、完整、有用的信息，可以使监理工程师耳聪目明、卓有成效地完成工程监理任务。

8.1.1　监理信息的分类

信息是以数据形式(包括文字、语言、数值、图表、图像、计算机多媒体技术等形式)表达的客观事实，是一种已被加工或处理成特定形式的数据。在园林工程建设监理过程中，涉及的信息很多，常见的有以下类型。

(1)按照园林工程监理控制目标分类

①投资控制信息　指与投资控制有关的信息。如各类投资估算指标、类似工程造价、物价指数、预算定额。建设项目投资估算、合同价、工程进度款项预付、竣工结算与决算、原材料价格、机械台班费、人工费和运杂费、投资控制的风险分析等。

②质量控制消息　指与质量控制有关的信息，如国家有关的质量政策和质量标准、项目建设标准、质量目标的分解结果，质量控制工作流程，质量控制工作制度，质量控制的风险分析，工程实体与材料设备质量检验信息、质量抽样检查结果等。

③进度控制信息　指与进度有关的信息，如工期定额、项目总进度计划、进度目标分解结果、进度控制工作流程、进度控制工作制度、进度控制风险分析、实际进度与计划进度对比信息及进度统计分析等。

(2)按照园林工程建设监理信息来源分类

①工程建设内部信息　取自建设项目本身，如工程概况、可行性研究报告、设计文件、施工方案、合同文件、信息资料的编码系统、会议制度、监理组织机构、监理工作制

度、监理委托合同、监理规划、监理大纲和监理实施细则、项目的投资目标、项目的质量目标及进度目标等。

②工程建设外部信息　来自建设项目外部环境的信息，如国家有关的政治和经济方面政策及法规、国内外市场上原材料及设备价格、物价指数、类似工程的造价和进度、投标单位的实力、投标单位的信誉、相关单位的有关情况等。

(3)按照园林工程建设监理信息稳定程度分类

①固定信息　是指具有相对稳定性的信息，或者在一段时间内可以在各项监理工作中重复使用而不发生质的变化的信息，它是建设工程监理工作的重要依据，这类信息包括有：定额标准信息，如预算定额、施工定额、原材料消耗定额、投资估算指标、生产作业计划标准、监理工作制度等；计划合同信息、子计划指标体系、合同文件等；查询信息，指国家标准、行业标准、部门标准、设计规范、施工规范、监理工程师的人事卡片等。

②流动信息　是指不断变化的信息，它随着工程项目的进展而不断更新，反映工程项目建设实际状态，该类信息时间性较强。如作业统计信息中的项目实施阶段的质量、投资及进度统计信息；再如，项目实施阶段的原材料消耗量、原材料价格变动、机械台班数、人工工日数等信息，这类信息的主要表现形式是统计报表。

(4)按照园林工程建设监理活动层次分类

①总监理工程师所需信息　如有关建设工程的程序和制度、监理目标和范围、监理组织机构的设置状况、承包商提交的施工组织设计和施工技术方案、委托监理合同、施工承包合同等。

②各专业监理工程师所需信息　如工程建设的计划信息、实际信息(包括投资、质量、进度)、实际与计划的对比分析结果等。监理工程师通过掌握这些信息可以及时了解工程建设是否大于或落后于预期目标，并指导其采取必要措施，以实现预定目标。

③监理员所需信息　主要是工程现场实际信息，如工程建设的日进展情况、实验数据、现场记录等。这类信息较具体、详细，精度较高，使用频率也较高。

(5)按照园林工程建设监理阶段分类

①项目建设前期信息　包括可行性研究报告提供的信息、设计任务书提供的信息、勘察与测量的信息，初步设计文件的信息、监理委托合同、施工招投标方面的信息等。

②施工阶段信息　如施工承包合同、施工组织设计、施工技术方案和施工进度计划、工程技术标准、工程建设实际进展情况报告、工程进度款支付申请、施工图纸及技术资料、工序验收交工证书、单位和单项工程质量检查验收报告、国家和地方的监理法规等。这些信息有的来自业主，有的来自承包商及有关政府部门。

③竣工阶段信息　如竣工工程项目一览表、地质勘察资料、永久性水准点位置坐标记录、工程竣工图、工程施工记录、设计和施工变更记录、设计图纸会审记录、工程质量事故发生情况和处理记录、竣工验收申请报告、工程竣工验收报告、工程竣工验收证明书、工程养护与保修证书等。这些信息一部分是在整个施工过程中，长期积累形成的，一部分是在竣工验收期间，根据积累的资料整理分析而形成的。

8.1.2 监理信息管理的基本任务

(1)实施最优控制

控制是建设监理的主要手段。控制的主要任务是把计划执行情况与计划目标进行比较，找出差异，分析差异，排除和预防产生差异的原因，使总体目标得以实现。为了进行比较分析及采取措施来控制项目投资目标、质量目标及进度目标，监理工程师首先应掌握有关项目三大目标的计划值，还应了解三大目标的执行情况。监理工程师必须充分掌握、分析处理这两个方面的信息，以便实施最优控制。

(2)进行合理决策

建设监理决策的正确与否，直接影响着项目建设总目标的实现及监理公司、监理工程师的信誉。监理决策正确与否，取决于各种因素，其中最重要的因素之一就是信息。因此，监理工程师在工程施工招标、施工等各个阶段，都必须充分地收集信息、加工整理信息，只有这样，才能做出科学、合理的监理决策。

(3)妥善协调项目建设各有关单位之间的关系

工程项目的建设涉及到众多的单位，如政府部门，承建商，项目业主，设计单位，材料设备供应单位，资金供应单位，外围工程单位，毗邻单位，运输、保险、税收单位等，这些单位都会对项目的实现带来一定的影响。为了与这些单位进行有机的联系，需要加强信息管理，妥善协调各单位之间的关系。

8.1.3 监理信息管理的内容

8.1.3.1 园林工程建设监理信息的收集

(1)工程建设前期信息收集

如果监理工程师未参加工程建设的前期工作，在受业主的委托对工程建设设计阶段实施监理时，作为设计阶段监理的主要依据。应向业主和有关单位收集以下资料：

①批准的项目建议书、可行性研究报告及设计任务书；

②批准的建设选址报告、城市规划部门的批文、土地使用要求、环保要求；

③工程地质和水文地质勘察报告、区域图、地形测量图，地质气象和地震裂度等自然条件资料；

④矿藏资源报告；

⑤设备条件；

⑥规定的设计标准；

⑦国家或地方的监理法规或规定；

⑧国家或地方有关的技术经济指标和定额等。

(2)工程建设设计阶段信息收集

建设项目的初步设计文件包含大量的信息，如建设项目的规模、总体规划布置、主要建筑物的位置、结构形式和设计尺寸、各种建筑物的材料用量、主要设备清单、主要技术经济指标、建设工期、总概算等，还有业主与市政、公用、供电、电信、铁路、交通、消防等部门的协议文件或配合方案。

技术设计是根据初步设计和更详细的调查研究资料进行的，用以进一步解决初步设计中的重大技术问题，如工艺流程、建筑结构、设备选型及数量确定等。技术设计文件与初步设计文件相比，提供了更确切的数据资料，如对建筑物的结构形式和尺寸等进行修正并编制了修正后的总概算。

施工图设计文件则完整地表现建筑物外形、内部空间分割、结构体系、构造状况，以及建筑群的组成和周围环境的配合，具有详细的构造尺寸；它通过图纸反映出大量的信息，如施工总平面图建筑物的施工平面图和剖面图、设备安装详图、各种专门工程的施工图、各种设备和材料的明细表等。此外，还有根据施工图设计所做的施工图预算等。

(3)施工招标阶段信息收集

在工程建设招标阶段，业主或其委托的监理单位要编制招标文件，而投标单位要编制投标文件，在招投标过程中及决标以后，招、投标文件及其他一些文件将形成一套对工程建设起制约作用的合同文件，这些合同文件是建设工程监理的法规文件，是监理工程师必须要熟悉和掌握的。

这些文件主要包括：投标邀请书、投标须知、合同双方签署的合同协议书、履约保函、合同条款、投标书及其附件、标价的工程量清单及其附件、技术规范、招标图纸、发包单位在招标期内发出的所有补充通知、投标单位在投标期内补充的所有书面文件、投标单位在投标时随投标书一起递送的资料与附图、发包单位发出的中标通知书、合同双方在洽谈合同时共同签字的补充文件等。除上述各种资料外，上级有关部门关于建设项目的批文和有关批示、有关征用土地、拆迁赔偿等协议文件，都是十分重要的监理信息。

(4)工程施工阶段信息资料收集

①收集业主方的信息　业主作为工程建设的组织者，在施工过程中要按照合同文件规定提供相应的条件，并要不时发表对工程建设各方面的意见和看法，下达某些指令。因此，监理工程师应及时收集业主提供的信息。

当业主负责某些设备、材料的供应时，监理工程师需收集业主所提供的材料的品种、数量、规格、价格、提货地点、提货方式等信息。例如，有一些项目合同约定业主负责供应钢材、木材、水泥、砂石等主要原料，业主就应及时将这些材料在各个阶段提供的数量、材质证明、检验(试验)资料、运输距离等情况告知有关方面，监理工程师也应及时收集这些信息资料。另外，业主对施工过程中有关进度、质量、投资、合同等方面的看法和意见，监理工程师也应及时收集，同时还应及时收集业主的上级主管部门对工程建设的各种意见和看法。

②收集承包商提供的信息　在项目的施工过程中，随着工程的进展，承包商一方也会产生大量的信息，除承包商本身必须收集和掌握这些信息外，监理工程师在现场管理中也必须收集和掌握。这类信息主要包括开工报告，施工组织设计，各种计划，施工技术方案，材料报验单，月支付申请表，分包申请，工料价格调整申请表，索赔申请表，竣工报验单，复工申请，各种工程项目自验报告、质量问题报告、有关问题的意见等。承包商应

向监理单位报送这些信息资料，监理工程师也应全面系统地收集和掌握这些信息资料。

③建设工程监理的现场记录　现场监理人员必须每天利用特殊的方式或以日志的形式记录工地上所发生的事情，记录由专业监理工程师整理成书面资料上报监理工程师办公室。现场记录通常记录以下内容：

• 现场监理人员对所监理工程范围内的机械、劳力的配备和使用情况作详细记录。如承包人现场人员和设备的配备是否同计划所列的一致；工程质量和进度是否因人员或设备不足而受到影响，受到影响的程度如何；是否缺乏专业施工人员或专业施工设备，承包商有无替代方案；承包商施工机械完好率和使用率是否令人满意；维修车间及设施如何，是否存储有足够的备件等。

• 记录气候及水文状况：记录每天的最高、最低气温，降雨或降雪量，风力、河流水位；记录有预报的雨、雪、台风及洪水到来之前对永久性或临时性工程所采取的保护措施；记录气候、水文的变化影响施工及造成的细节，如停工时间、救灾的措施和财产的损失等。

• 记录承包商每天工作范围，完成工程数量，以及开始和完成工作的时间，记录出现的技术问题，采取了怎样的措施进行处理，效果如何，能否达到技术规范的要求等。

• 对工程施工中每步工序完成后的情况做简单描述，如工序是否已被认可，对缺陷的补救措施或变更情况等做详细记录。监理人员在现场对隐蔽工程应特别注意。

• 记录现场材料供应和储备情况。每一批材料的到达时间、来源、数量、质量、存储方式和材料的抽样检查情况等。

• 对于一些必须在现场进行的试验，现场监理人员进行记录并分类保存。

④工地会议记录　工地会议是监理工作的一种重要方法，监理工程师很重视工地会议，并建立一套完善的会议制度，以便于会议信息的收集。会议制度包括会议的名称、主持人、参加人、举行会议的时间及地点等，每次会议都应有专人记录，会后应有正式会议纪要，由与会者签字确认，这些纪要将成为今后解决问题的重要依据。会议纪要应包括以下内容：会议地点及时间；出席者姓名、职务及他们所代表的单位；会议中发言者的姓名及主要内容；形成的决议；决议由何人及何时执行；未解决的问题及其原因等。工地会议一般每月召开一次，会议由监理人员、业主代表及承包商参加。会议主要内容包括：确认上次会议纪要、当月进度总结、进度预测、技术事宜、变更事宜、财务事宜、管理事宜、索赔和延期，下次工地会议及其他事宜。工地会议确定的事宜视为合同文件的一部分。

⑤计量与支付记录　计量与支付记录包括所有计量及付款资料。应清楚地记录哪些工程进行过计量，哪些工程没有进行计量，哪些工程已经进行了支付、已同意或确定的费率和价格变更等。

⑥试验记录　除正常的试验报告外，实验室应由专人每天以日志形式记录实验室工作情况，包括对承包商的试验的监督、数据分析等。记录内容如下：工作内容的简单叙述，例如，进行了哪些试验，其结果如何等；承包商实验人员配备情况，试验人员配备与承包商计划所列的是否一致，数量和素质是否满足工作需要，增减或更新试验人员的建议；对承包商实验仪器、设备配备，使用和调动情况的记录，需增加新设备的建议；监理实验室

与承包商实验室所做的同一试验，其结果有无重大差异，原因如何。

(5) 工程竣工阶段信息的收集

在园林工程建设竣工验收阶段，需要大量与竣工有关的各种信息资料，这些信息资料一部分是在整个过程中，长期积累形成的；一部分是在竣工验收期间，根据积累的资料整理分析得到的，完整的竣工资料应由承包商收集和整理，经监理工程师及有关方面审查后，移交业主。

监理数据的管理应由总监理工程师负责，指定专人具体实施，在各监理阶段结束后做到及时整理归档、资料真实完整、分类有序。

8.1.3.2 监理信息的处理

(1) 监理信息的加工整理

监理信息的加工整理是对收集来的大量原始信息，进行筛选、分类、排序、压缩、分析、比较、计算等过程。监理工程师为了有效地控制工程建设的投资、进度和质量目标，提高工程建设的投资效益，应在全面、系统收集监理信息的基础上，加工和整理收集来的各种信息资料。

在建设项目的施工过程中，监理工程师加工整理的监理信息主要有以下几个方面：

①现场监理日报表　是指现场监理人员根据每天的现场记录及加工整理而成的报告。主要包括：当天的施工内容；参加施工的人员(工种、数量、施工单位等)；施工用的机械的名称和数量等；当天发现的施工质量问题；当天的施工进度和计划进度的比较，若发生进度拖延，应说明原因；当天天气综合评语；其他说明及应注意的事项等。

②现场监理工程师周报　是指现场监理工程师根据监理日报加工整理而成的报告，每周向项目总监理工程师汇报 1 周内发生的所有重大事件。

③监理工程师月报　是指集中反映工程实况和监理工作的重要文件。一般由项目总监理工程师编写，每月 1 次上报业主。大型项目的监理月报，往往由各合同段或子项目的总监理工程师代表组织编写，上报总监理工程师审阅后报业主。

监理月报一般包括以下内容：

工程进度　描述工程进展情况、工程形象进度和累计完成的比例。若拖延了计划，应分析其原因，以及这种原因是否已经消除，就此问题承包商、监理人员所采取的补救措施等。

工程质量　用具体的测试数据评价工程质量，并分析原因。承包商和监理人员对质量较差工作的改进意见，如有责令承包商返工的项目，应说明其规模、原因及返工后的质量情况。

计量支付　给出本期支付、累计支付，以及必要的分项工程的支付情况，实际支付与工程进度对照情况等；承包商是否因流动资金短缺而影响了工程进度，分析造成资金短缺的原因，有无延迟支付、价格调整等问题，说明其原因及由此而产生的增加费用。

质量事故　质量事故发生的时间、地点、原因、损失估计等。事故发生后采取了哪些补救措施，在今后工作中避免类似事故发生的有效措施。由于事故的发生，影响了单项或整体工程进度情况。

工程变更　对每项工程变更应说明引起变更设计的原因，批准机关，变更项目的规模，工程量增减数量、投资增减的估计等；变更是否影响了工程进展，承包商是否就此已提出或准备提出索赔(工期、费用)。

民事纠纷　说明民事纠纷产生的原因，哪些项目因此被迫停工，停工的时间，造成窝工的机械、人力情况等。承包商是否就此已提出或准备提出延期和索赔。

合同纠纷　合同纠纷情况及产生的原因，监理人员进行调解的措施；监理人员在解决纠纷中的体会；业主或承包商有无要求进一步处理的意向。

监理工作动态　描述本月的主要监理活动，如工地会议、现场重大监理活动、索赔的处理、上级布置的有关工作的进展情况、监理工作中的困难等。

(2)监理信息的储存

监理信息储存的主要载体是文件、报告、报表，图纸、音像材料等。监理信息的储存，主要就是将这些材料按不同的类型，进行详细的登录、存放，建立资料归档系统。该系统应简单和易于保存，但内容应足够详细，以便很快查出任何已归档的资料。整理资料归档，一般按以下几类进行：

①一般函件　与业主、承包商和其他有关部门来往的函件按日期归档，监理工程师主持或出席的所有会议记录按日期归档。

②监理报告　各种监理报告按次序归档。

③计量与支付资料　每月计量与支付证书，连同其所附资料每月按编号归档，监理人员每月提供的计量与支付有关的资料应按月归档，物价指数的来源等资料按编号归档。

④合同管理资料　承包商对延期、索赔和分包的申请，批准的延期、索赔和分包文件按编号归档；变更的有关资料按编号归档；现场监理人员为应急发出的书面指令及最终指令应按项目归档。

⑤图纸　按分类编号存放归档。

⑥技术资料　现场监理人员每月汇总上报的现场记录及检验报表按月归档，承包商提供的竣工资料分项归档。

⑦工程照片　各类工程照片，诸如反映工程实际进度的，反映现场监理工作的，反映工程质量事故及处理情况的，以及其他照片，如工地会议和重要监理活动等，都要按类别和日期归档。

以上资料在归档的同时，要进行登录详细监理的目录表，以便随时调用、查询。监理信息的存储应尽量采用计算机及其他微缩系统，以提高检索、传递和使用的效率。

(3)监理信息的流动

监理信息在传递流动的过程中，形成各种信息流。常见的有以下几种：

①自上而下的信息流　是指由上级管理机构向下级管理机构流动的信息，上级管理机构是信息源，下级管理机构是信息的接受者。它主要是有关政策法规、合同、各种批文、各种计划信息。

②自下而上的信息流　是指由下一级管理机构向上一级管理机构流动的信息，它主要

是有关工程项目总目标完成情况的信息，即投资、进度、质量、合同完成情况的信息。其中有原始信息，如实际投资、实际进度、实际质量信息；也有经过加工、处理后的信息，如投资、进度、质量对比信息等。

③内部横向信息流　是指在同一级管理机构之间流动的信息，即同一层次的工作部门或工作人员之间相互提供和接受的信息。由于建设监理是以三大控制为目标，以合同管理为核心的动态控制系统，在监理过程中，三大控制和合同管理分别由不同的组织进行，由此产生各自的信息，并且各自之间又要为监理的目标进行协作、传递信息。

④外部环境信息流　是指在工程项目内部与外部环境之间流动的信息。外部环境指的是气象部门、环保部门、银行、政府主管部门等。

⑤以信息管理部门为集散中心的信息流　信息管理部门要为项目决策作准备，因此，既需要大量信息，又可以作为有关信息的提供者。它是汇总信息、分析信息、分散信息的部门，并帮助工作部门进行规划、任务检查，对有关的专业、技术与问题进行咨询。因此，各工作部门不仅要向上级汇报，而且应当将信息传递给信息管理部门，以有利于信息管理部门为决策做好充分准备。

⑥工程项目内部与外部环境之间的信息流　项目监理机构(公司)与业主、承建商、设计单位、建设银行、质量监督主管部门、有关国家管理部门和业务部门，都不同程度地需要信息交流，要满足自身监理的需要，又要满足与环境的协作要求，或按国家规定的要求相互提供信息。

实际工作中，自下而上的信息流比较畅通，自上而下的信息流一般情况下渠道不畅或流量不够。因此，工程项目主管应当采取措施，防止信息流通和传递的障碍，发挥信息流应有的作用，特别是对横向间的信息流动以及自上而下的信息流动，应给予足够的重视，增加流量。只有这样才能保证监理工程师及时得到完整、准确的信息，从而为监理工程师的科学决策提供可靠支持。

(4)监理信息的使用

经过加工处理的信息，要按照监理工作的实际要求，以各种形式提供给各类监理人员，如报表、文字、图形、图像、声音等。利用计算机进行信息管理，已成为更好地使用建设工程监理信息的前提条件。

8.2 园林工程建设监理信息系统

8.2.1 监理信息系统的作用

监理工作中采用监理信息系统，将对园林工程建设带来全面、深远的影响。这个影响对工程建设各领域在深度、广度上都将体现出来，将给工程管理的方法、组织、决策带来全新的概念。

(1)园林工程建设监理信息系统相当于给监理工程师配备了神经和大脑

工程建设监理信息系统给工程建设各阶段、各部门提供及时的、必要的数据，沟通了各环节、各阶段及参与工程的各个方面，使这种联系规范化，防止了人为因素的干扰。更重要的是监理信息系统通过对大量数据的处理，产生了各级监理所需要的决策信息，让决策建立在可靠的数据基础上，减少了决策的失误，相当于给监理人员配备了一个“万能博士”作助手，监理工程师就可立于更高的平台来处理工程实际中发生的一切问题。

(2)监理信息系统的使用使监理工程师在处理工程业务时，变事后管理为事前管理

采用监理信息系统后，一方面能及时获得各种信息，另一方面，即使发生问题，也能很快解决。因在工程实施前，已凭借过去工程的经验及目前实施工程特点，对可能出现的问题进行过科学分析、周密调查，把一些不确定的问题变成了确定性的问题。对离散性的问题，则找到了相关性，事前已设计好相应的对策方案，借助于计算机的帮助即可做出迅速的反应，使问题不出现或出现后能及时准确地处理。还可从诸多方案中找到适用的方案，把问题处理得更好。这样，真正做到了以计划为中心，发生偏离能及时调整，做到实时处理，工作变被动为主动。

(3)监理信息系统的使用使监理工程师有精力进行创造性地工作

监理信息系统使监理工程师从事务繁忙的工作中脱身出来，不必再花很多的精力去收集数据、处理数据、编制报表，可花更多的精力去考虑如何提高工程的科学含量，提高决策水平，更好地完成创造性的工作，使工作发生质的变化。

(4)监理信息系统的使用使监理工程师的工作更加规范、准确和方便

监理信息系统的使用带来了基础数据的规范化、标准化，使工程数据的收集更及时、更完整、更准确、更统一。可以在有多个数据源存在的情况下确定一个最准确的数据源，以保证数据的准确性；可事先规定数据收集的时间，以保证数据的时效性；可事先规定数据提供的数量、规格，以保证数据的标准化；可事先设定数据提供的范围，以保证数据能及时准确供给需要的部门，既方便各部门的工作，又不致造成不必要的泄密及不相干数据对部门工作的干扰；可事先规定数据存储要求，以保证工程资料的完整、系统又不至于重复，还可为定量分析处理问题提供全面的资料。

(5)监理信息系统的使用沟通了与外界的联系渠道

监理工程师应把较多的精力放在了解业主方的要求、国家政策、市场变化、科学技术最新发展方面。可以根据情报进行决策，根据情报调整计划、编制计划，根据情报及时采用最新科技，以提高工程质量，使工程建立在科技尖端水平上。

(6)监理信息系统的采用提高了监理工程师的决策水平

监理信息系统提供了决策支持子系统，它在数据库、知识库、模型库的支持下，提供给监理工程师必要的决策支持。一方面，提供各级决策所需要的内、外部信息；另一方面，也提出处理问题所需要的专业知识及决策模型，提出可供选择的多个可行方案及各方案的优缺点，提出影响决策的约束条件以及建议采用的最佳方案，帮助监理工程师进行决策，避免了决策中较多的人为因素，从而提高决策的科学水平。

8.2.2 监理信息系统的组成

按照工程建设监理工作的主要内容，即对建设项目的工期、质量、投资等三大目标实

行动态控制，确保三大目标得到最合理的实现，相应地，工程建设监理信息系统应由4个子系统组成，即进度控制子系统、质量控制子系统、投资控制子系统和合同管理子系统。各子系统之间既相互独立，有其自身目标控制的内容和方法，又相互联系，互为其他子系统提供信息。

(1)进度控制子系统

工程建设进度控制子系统不仅要辅助监理工程师编制和优化工程建设进度计划，更要对建设项目的实际进展情况进行跟踪检查，并采取有效措施调整进度计划以纠正偏差，从而实现工程建设进度的动态控制。本系统具有以下功能：

①输入原始数据　为工程建设进度计划的编制及优化提供依据。

②根据原始数据编制进度计划　包括横道计划、网络计划及多级网络计划系统。

③进行进度计划的优化　包括工期优化、费用优化和资源优化。

④工程实际进度的统计分析　即随着工程的实际进展，对输入系统的实际进度数据进行必要的统计分析，形成与计划进度数据有可比性的数据。同时，可对工程进度做出预测分析，检查项目按目前进展能否实现工期目标，从而为进度计划的调整提供依据。

⑤实际进度与计划进度的动态比较　即定期将实际进度数据同计划进度数据进行比较，形成进度比较报告，从中发现偏差，以便于及时采取有效措施加以纠正。

⑥进度计划的调整　当实际进度出现偏差时，为了实现预定的工期目标，就必须在分析偏差产生原因的基础上，采取有效措施对进度计划加以调整。

⑦各种图形及报表的辅助　图形包括网络图、横道图、实际进度与计划进度比较图等。报表包括各类计划进度报表、进度预测表及各种进度比较报表等。

(2)质量控制子系统

监理工程师为了实施对工程建设质量的动态控制，需要工程建设质量控制子系统提供必要的信息支持。为此，本系统应具有以下功能：

①设计质量控制　包括存储设计文件，核查记录、技术规范、技术方案，计算机进行统计分析，提供有关信息，存储设计质量鉴定结果，存储设计文件鉴定记录(包括签证项目、签证时间、签证资料等)，提供图纸资料交付情况报告、统计图纸资料按时交付率、合格率等指标，摘要登录设计变更文件。

②施工质量控制　包括质量检验评定记录；单元工程、分部工程、单位工程的检查评定结果及有关质量保证资料；进行数据的检验和统计分析；根据单元工程评定结果和有关质量检验评定标准，进行分部工程、单位工程质量评定，为建设主管部门进行质量评定提供参考依据；运用数据统计方法，对重点工序和重要质量指标的数据进行统计分析，绘制直方图、控制图等管理图表；根据质量控制的不同要求，提供各种报表。

③材料质量跟踪　对主要的建筑材料、成品、半成品及构件进行跟踪管理，处理信息包括材料入库或到货验收记录、材料分配记录、施工现场材料验收记录等。

④设备质量管理　指对大型设备及其安装调试的质量管理。大型设备的供应有两种方式：订购或委托外系统加工，订购设备的质量管理包括开箱检验、安装调试、试运行3个环节；委托外系统加工的设备还包括设计控制、设备监造等环节，计算机存储各环节的记

录信息，并提出有关报表。

⑤工程事故处理　包括存储重大工程事故的报告，登录一般事故摘要，提供各种工程事故统计分析报告。

⑥质监活动档案　包括记录质监人员的一些基本情况，如职务、职责等，根据单元工程质量检验评定记录等资料进行的统计汇总，提供质监人员活动月报等报表。

(3)建设投资控制子系统

建设项目投资控制的首要问题是对项目的总投资进行分解。例如，园林工程可以分解成若干个单项工程和若干个单位工程，每一个单项工程和单位工程均有投资数额要求，它们的投资数额加在一起构成项目的总投资。在整个控制过程中，要详细掌握每一项使用在哪一部位，一旦投资的实际值和计划值发生偏差，就应找出原因，以便采取措施进行纠正，使其满足总投资的要求。

①投资的计划值和实际值的比较主要包括以下几个方面：

- 概算与修正概算比较；
- 概算与预算比较；
- 概算与标底比较；
- 概算与合同价比较；
- 概算与实际投资比较；
- 合同价资金使用比较；
- 资金使用计划与实际资金使用的比较。

投资控制子系统的主要内容包括：资金使用计划；资金计划、概算和预算的调整；资金分配、概算的对比分析；项目概算与项目预算的对比分析；合同价格与投资分配及概算、预算的对比分析，实际费用支出的统计分析；实际投资与计划投资的动态比较；项目投资变化趋势预测；项目计划投资的调整；项目结算与预算、合同价的对比分析；项目投资信息查询；提供各种项目投资的管理报表。

②园林工程建设投资控制子系统具有以下功能：

- 输入计划投资数据，从而明确投资控制的目标；
- 根据实际情况，调整有关价格和费用，以反映投资控制目标的变动情况；
- 输入实际投资数据；
- 进行投资偏差分析；
- 未完工程投资预测；
- 输出有关报表。

(4)合同管理子系统

在施工监理管理中，除了投资控制、进度控制、质量控制等信息管理子系统外，以合同文件为中心，合同管理子模块应具备以下功能：合同文件、资料、会议记录的登录、修改、删除、查询和统计；合同条款的查询与分析；技术规范的查询；合同执行情况的跟踪及其管理；合同管理信息函、报表、文件的打印输出；法规文件的查询(表 8-1)。

可见，一个完整、完善、成熟的监理信息系统是具有非常强大的功能的，能够极其有力地辅助项目管理。但是，监理信息系统作为一个人机交互系统，信息处理的过程是由人和计算机共同进行的。建立充分发挥计算机作用的信息系统，问题往往并不在于计算机，而在于工程项目管理的基础工作完成的好坏，在于将什么数据、信息输入计算机，把什么样的信息处理交给计算机更合适。

表8-1 合同管理系统基本功能

功能	属性	具体内容
合同的分类登录与检索	主动控制(静态控制)	1. 建立经济法规库(国内经济法、国外经济法)； 2. 合同结构模型的提供和选用； 3. 合同文件、资料的登录、修改、删除等； 4. 合同文件的分类、查询和统计； 5. 合同文件的检索
合同的跟踪与控制	动态控制	1. 合同执行情况跟踪和处理过程的记录； 2. 合同执行情况的打印表等； 3. 涉外合同的外汇折算

◇案例

案例8-1 草船借箭

三国演义中，周瑜欲杀孔明，炮制了10日内造10万枝箭的项目强加于孔明。孔明明知时间紧、任务重、资源匮乏，项目无法完成。他不但没有向周瑜请求延长时间，反而还自己减少7天，并立下军令状格式的合同，承诺3日完成。孔明考虑到周瑜不会给予充足的物料(制箭材料)，而曹操属于有地位、有实力的客户，必有10万枝箭的库存，因此决定将该项目外包给曹操(曹操不知道)，酬劳是在华容道由关羽放曹操回北。

孔明为此进行了如下项目管理：

项目名称：造箭。

项目经理：孔明。

项目成员：每船30个兵，10条船，共计300人。

项目时限：3日内完成。

项目风险：时间太短、物料不足、外包经理不情愿。

项目结案可接受物品：10万枝箭。

项目控制：封锁沟通，鉴于周瑜是消极因素，不能让其知道；掌握信息，孔明是唯一掌握第3天江面将起雾信息的人；进行协调，运用心理学令曹操认为此计为周瑜所设，不敢反悔而出水军追讨。

项目完成：第3天晚上，孔明成功从曹操处借到10多万支箭，及时上交周瑜，兑现合同。

【问题】

孔明是如何利用信息来完成造箭任务的？

【分析】

上述案例中，造箭是项目，借箭是众多约束条件下变通的措施，10 万枝箭是项目成果物，封锁沟通、掌握信息、进行协调是项目管理的具体行为，该案例由于孔明掌握必要的信息，才能够成功地完成合同的要求。

◇思考题

1. 园林工程建设监理信息有哪些分类？
2. 园林工程建设监理信息管理的基本任务是什么？
3. 园林工程建设监理信息管理的主要内容有哪些？
4. 园林工程建设监理信息系统的作用是什么？
5. 园林工程建设监理信息系统包括哪些系统？

单元 9 园林工程建设监理表式使用流程案例分析

◇学习目标

【知识目标】

(1) 了解园林工程建设行业监理用表的更替情况。

(2) 掌握工程监理单位用表(A 类表)的填写方法。

(3) 掌握施工单位报审/验用表(B 类表)的填写方法。

(4)掌握通用表(C 类表)的填写方法。

【技能目标】

(1) 能够准确填写责任范围内的工程监理单位用表(A 类表)。

(2) 能够准确填写施工单位报审/验用表(B 类表)。

(3) 能够协调处理与监理有关各方进行工作联系或工程变更的用表(C 类表)。

9.1 园林工程建设监理常用标准表式

监理现场用表是《建设工程监理规范》(GB/T 50319—2013)中规定的全国通用表格，从 2013 年开始实行。各地在具体使用时，根据情况，可进行补充和修订。

监理现场用表分为 A 类(8 种)、B 类(14 种)、C 类(3 种)三大类，共计 25 种表。A 类为工程监理单位用表；B 类为施工单位报审/验用表；C 类是通用表。

9.1.1 监理常用标准表式分类

(1)A 类表(工程监理单位用表)

表 A.0.1 总监理工程师任命书

表 A.0.2 工程开工令

表 A.0.3 监理通知

表 A.0.4 监理报告

表 A.0.5 工程暂停令

表 A.0.6 旁站记录

表 A.0.7 工程复工令

表 A.0.8 工程款支付证书

(2)B 类表(施工单位报审/验用表)

表 B.0.1 施工组织设计/(专项)施工方案报审表

表 B.0.2 开工报审表

表 B.0.3 复工报审表

表 B.0.4 分包单位资格报审表

表 B.0.5 施工控制测量成果报验表

表B.0.6　工程材料/构配件/设备报审表

表B.0.7　报审/验表

表B.0.8　分部工程报验表

表B.0.9　监理通知回复单

表B.0.10　单位工程竣工验收报审表

表B.0.11　工程款支付报审表

表B.0.12　施工进度计划报审表

表B.0.13　费用索赔报审表

表B.0.14　工程临时/最终延期报审表

(3)C类表(通用表)

表C.0.1　工作联系单

表C.0.2　工程变更单

表C.0.3　索赔意向通知书

9.1.2　监理常用标准表式使用说明

监理现场用表应作为建设工程档案资料，在工程竣工验收后由监理单位移交一套给建设单位统一归档。监理现场用表各表式有关内容的填写应符合《建设工程监理规范》(GB/T 50319—2013)的要求，各表式所要求填写的份数由项目总监理工程师(以下简称“总监”)根据建设工程文件归档要求，结合工程实际情况确定。

项目监理机构应在项目开工前就监理现场用表的使用对承包单位、建设单位进行交底，使承包单位、建设单位明确监理现场用表的使用要求。

各方处理应在表式规定的时间内完成，表式没有时间规定的，或者表式规定时间与已签订的《建设工程施工合同》不一致的，应在已签订的《建设工程施工合同》有关条款约定的时间内完成，否则视为认同或放弃。

监理现场用表各表的编号：“—”号前填写所报验选项的数码代号，当报验的内容不在列出的选项中时，可在欲留的“□”后自行添加，数码代号顺延。“—”号后的编码由项目监理机构和承包单位在项目开工前根据项目的建设规模、性质和特点共同商议确定，编码应遵循科学、规范的原则，有利于资料的归档整理和查找；中小型、较为简单的项目，“—”号后的编码可直接为相应选项报验次数的自然序号。

各表式中相关人员的签字栏均必须出具有相应职责的人员本人签字，否则必须有书面委托书，且仅当其临时不在现场时方可。设有总监理工程师代表的，总监理工程师代表应根据《建设工程监理规范》的规定，在总监书面授权的职责范围内，在相关签字栏签字。

9.2　园林工程建设监理常用标准表式使用流程案例

9.2.1　A类表式

该类表是项目监理机构的工作用表。

表 A.0.1　总监理工程师任命书

工程名称：××绿化工程　　　　　　　　　　　　　　　　编号：A.0.1—××

致：××局（建设单位）

兹任命李××（注册监理工程师注册号：××××）为我单位出任××绿化工程项目总监理工程师，负责履行建设工程监理合同，主持项目监理机构工作。

工程监理单位(盖章)××建设监理顾问有限公司

法定代表人(签字)王××

日　　期：＿＿年＿＿月＿＿日

填表说明：本表一式三份，项目监理机构、建设单位、施工单位各一份。

表 A.0.2　工程开工令

工程名称：××绿化工程　　　　　　　　　　　　　　　　编号：A.0.2—××

致：××园林工程有限公司(施工单位)

经审查，本工程已具备施工合同约定的开工条件，现同意你方开始施工，开工日期为：××年××月××日。

附件：开工报审表

项目监理机构(盖章)××建设监理顾问有限公司

总监理工程师(签字、加盖执业印章)李××

日　　期：＿＿年＿＿月＿＿日

填表说明：本表一式三份，项目监理机构、建设单位、施工单位各一份。

表 A.0.3 “监理通知”填写说明

该表为项目监理机构通知承包单位应执行的、除工程暂停以外的其他有关事项的用表。监理通知中应注明承包单位完成应执行事项的时限、是否要求承包单位书面回复和书面回复的时限等要求。

该类文件是在建设监理全过程中形成的，包括有关进度控制、质量控制、造价控制等内容的监理通知。是工程项目监理机构按照委托监理合同所授予的权限，针对承包单位出现的各种问题而发出的要求承包单位进行整改的指令性文件，监理工程师现场发出的口头指令及要求，也应采用监理工程师通知单表式，事后予以确认。承包单位应使用“监理通知回复单”(B.0.9)回复。

对在日常巡视检查过程中发现的安全质量事故隐患及违反《工程建设施工安全质量标准强制性条文》规定的情况，监理工程师应及时向承包单位开具“监理通知”，规定整改期限。承包单位应就整改工作情况向项目监理机构进行书面回复。通知单一般可由专业监理工程师签发，但发出前必须经过总监理工程师同意，重大问题应由总监理工程师签发。

填写本表时，“事由”应填写通知内容的主题词，相当于标题，并写明发生问题的具体部位、具体内容和监理工程师的要求及发出本通知单的依据。

(1)总监理工程师代表在总监理工程师授权范围内向承包单位发出的任何书面形式的函件，与总监理工程师发出的函件具有同等效力。承包单位对总监理工程师代表向其发出的任何书面形式的函件有疑问时，可将此函件提交总监理工程师，总监理工程师应进行确认。总监理工程师代表发出指令有事物时，总监理工程师应进行纠正。

(2)除总监理工程师或总监理工程师授权代表外。监理单位的其他人员均无权向承包单位发出任何指令。

(3)监理工程师的指令、通知由其本人签字后. 以书面形式交给承包单位，承包单位在回执上签署姓名和收到时间后生效。确有必要时，监理工程师可发出口头指令，并在 48 小时内给予书面确认，承包单位对监理工程师的指令应予执行。监理工程师不能及时给予书面确认的，承包单位应于监理工程师发出口头指令后 7 天内提出书面确认要求。监理工程师在承包单位提出确认要求 48 小时内不予答复的，视为口头指令已被确认。

(4)监理工程师口头指令的确认，原采用“监理联系”方式处理的问题也可使用本表。

(5)本款规定同样适用于由监理工程师代表发出的指令和通知。

表 A.0.3 监理通知

工程名称：××绿化工程　　　　　　　　　　　　　　　　　　　编号：A.0.3—××

致：××园林工程有限公司（施工项目经理部）

事由：7#地块土方滑坡

内容：7#地块土方在昨天发生滑坡，目前已组织园林专家进行事故分析，并研究进一步的处理方案

项目监理机构(盖章)××建设监理顾问有限公司

总/专业监理工程师(签字)　李××

日　期：____年____月____日

注：本表一式三份，项目监理机构、建设单位、施工单位各一份。

表 A.0.4 监理报告

工程名称：××绿化工程　　　　编号：A.0.4— ××

致：××局（主管部门）

由 ××园林工程有限公司（施工单位）施工的 7#地块土方堆筑（工程部位），存在安全事故隐患。我方已于 ×× 年 ×× 月 ×× 日发出编号为：A.0.3— ×× 和 A.0.5— ×× 的“监理通知”/“工程暂停令”，但施工单位未(整改/停工)。

特此报告。

附件：☐监理通知

☐工程暂停令

☐其他

项目监理机构(盖章) ××建设监理顾问有限公司

总监理工程师(签字) 李××

日　　期：____年___月___日

注：本表一式四份，主管部门、建设单位、工程监理单位、项目监理机构各一份。

表 A.0.5 “工程暂停令”填写说明

该表为总监对承包单位下达工程暂停指令的用表。

当建设单位要求且工程需要暂停施工；出现工程质量问题，必须停工处理；出现质量或安全隐患，为避免造成工程质量损失或危及人身安全而需要暂停施工；承包单位未经许可擅自施工或拒绝项目监理机构管理；发生必须暂停施工的紧急事件时；发生上述5种情况中任何一种，总监理工程师应根据停工原因、影响范围，确定工程停工范围，签发工程暂停令，向承包单位下达工程暂停的指令。工程暂停令文件内必须注明工程暂停的原因、范围、停工期间应进行的工作及责任人、复工条件等。签发工程暂停令要慎重，要考虑工尺功能暂停后可能产生的各种后果，并应事前与建设单位协商，宜取得一致意见。

监理工程师认为确有必要暂停施工时，应向总监理工程师报告，经与业主协商同意后，以书面形式要求项目经理暂停施工，并在提出要求后48小时内提出书面管理意见。

项目经理应当按总监要求停止施工，并妥善保护已完工程。项目经理实施后，应以书面形式提出复工要求，监理单位应当在48小时内给予答复。监理单位未能在规定时间内提出管理意见，或收到项目经理复工要求后48小时内未予答复，项目经理可自行复工。因发包原因造成停工的，由发包人承担所发生的追加合同价款，赔偿项目经理由此造成的损失，相应顺延工期；因项目经理原因造成停工的，由项目经理承担发生的费用，工期不予顺延。

表 A.0.5 工程暂停令

工程名称：××绿化工程　　　　编号：A.0.5—××

致：××园林工程有限公司(施工单位) 由于7#地块土方在昨天发生滑坡，目前已组织园林专家进行事故分析，并研究进一步的处理方案原因，经建设单位同意，现通知你方于××年××月××日07时起，暂停7#地块土方堆筑部位(工序)施工，并按下述要求做好后续工作。 要求：1. 对原有标高测量点加密观察次数，并做好详细记录； 2. 做好河道清淤的准备工作； 3. 加紧修理施工便道。 项目监理机构(盖章)××建设监理顾问有限公司 总监理工程师(签字、加盖执业印章)李×× 日　期：____年___月___日

注：本表一式三份，项目监理机构、建设单位、施工单位各一份。

表 A. 0. 6　旁站记录

工程名称：××绿化工程　　　　　　　　　　　　　　　　编号：A. 0. 6—××

施工单位	××园林工程有限公司		
关键部位或工序	老年活动区边园路铺装，卵石埋入混凝土		
旁站开始时间	××日 8 时 50 分	旁站结束时间	××日 11 时 50 分
旁站的关键部位、关键工序施工情况： 对卵石埋入混凝土深度进行实测。			
旁站的问题及处理情况： 发现卵石埋入混凝土深度不符合施工标准。 要求整改。 旁站监理人员（签字）：孙×× 日　　期：＿＿年＿＿月＿＿日			

填表说明：本表一式一份，项目监理机构留存。

表 A.0.7　工程复工令

工程名称：××绿化工程　　　　　　　　　　　　　　　　　　　　　　编号：A.0.7—××

致：××园林工程有限公司（项目经理部） 我方发出的编号为A.0.5—××工程暂停工令，要求暂停7#地块土方堆筑部位施工，经查现已具备复工条件，经建设单位同意，现通知你方于××年××月××日07时起恢复施工。 附件：复工报审表 项目监理机构(盖章)××建设监理顾问有限公司 总监理工程师(签名、盖执业章)李×× 日　期：　年　月　日

填表说明：本表一式三份，项目监理机构、建设单位、施工单位各一份。

表 A. 0. 8 “工程款支付证书”填写说明

该表为项目监理机构收到承包单位的“B. 0. 11 工程款支付申请报审表”后，对申请事项进行审核并签署意见的用表。项目监理机构将工程款支付证书递交建设单位的同时，应抄送承包单位。

由个专业监理工程师按照工合同进行审核，及时抵扣工程预付款后，确认应该支付工程款的项目及款额，提出意见，经过总监理工程师审核认后，报送建设单位，作为支付的证明，同时批复给承包单位。

(1)承包单位应按合同约定的时间，向监理工程师提交已完合格工程的报告。监理工程师接到报告后7天内按设计图纸核实已完工程量(以下称计量)，并在计量前24小时通知承包单位，承包单位应为计量提供便利条件并派人参加。承包单位收到通知后不参加计量，计量结果有效，并作为工程价款支付的依据。

(2)监理单位收到承包单位报告后7天内未进行计量，从第8天起，承包单位报告中开列的工程量即视为被确认，作为工程价款支付的依据。监理工程师不按约定时间通知承包单位，致使承包单位未能参加计量，计量结果无效。

(3)对承包单位超出设计图纸范围和因承包单位自身原因造成返工的工程量，监理工程师不予计量。

表 A. 0. 8 工程款支付证书

工程名称：××绿化工程　　　　编号：A. 0. 8—××

致：××园林工程有限公司(施工单位) 根据施工合同约定，经审核编号为 B. 0. 11-×× 工程款支付报审表，扣除有关款项后，同意支付该款项共计(大写)壹拾贰万元(小写：¥120 000元)。 其中： 1. 施工单位申报款为：144 000元； 2. 经审核施工单位应得款为：120 000元； 3. 本期应扣款为：24 000元； 4. 本期应付款为120 000元。 附件：工程进度款支付报申表及附件 项目监理机构(盖章)××建设监理顾问有限公司 总监理工程师(签名、盖执业章) 李×× 日　期：　年　月　日

填表说明：本表一式三份，项目监理机构、建设单位、施工单位各一份。

9.2.2 B类表式

该类表是承包单位就现场工作报请项目监理机构核验的申报用表，或为承包单位报告项目监理机构有关工程事项的申请用表。

表B.0.1 “施工组织设计/(专项)施工方案报审表”填写说明

1. 该表用于施工单位申报施工组织设计或(专项)施工方案的用表，施工单位申报施工组织设计必须经企业技术负责人审批，且签字盖章齐全。对重点部位、特殊工程必须报施工方案。

2. 在施工过程中，当承包单位对已批准的施工组织设计(方案)或项目施工管理规划进行调整、补充或变动时，应重新报审，也填写本表。在证明文件中应详细说明变更的理由和依据，应经专业监理工程师审查，并应由总监理工程师签认。

3. $100m^2$以上的楼面支撑方案也用本表报审。

4. 本表还用于对危及结构安全或使用功能的分项工程整改方案的报审，在证明文件中应有建设单位、设计单位、监理各方共同认可的书面意见。

5. 重点部位、关键工序的施工工艺和确保工程质量的措施，填写本表报审。

6. 采用新材料、新工艺、新技术、新设备时，用本表将相应的施工工艺措施和证明材料报审，经组织专题论证，并经审定后予以签认。

7. 审核注意事项：

(1)项目经理应按专用条款约定的日期将施工组织设计和工程进度计划提交监理工程师，监理工程师按专用条款约定的时间予以确认或提出修改意见。逾期不确认也不提出书面意见的，视为同意。

(2)群体工程中单位工程分期进行施工的，项目经理应按照发包人提供图纸及有关资料的时间。按单位工厂编制进度计划，其具体内容双方在专用条款中约定。

(3)项目经理必须按监理工程师确认的进度计划组织施工。接受监理工程师对进度的检查、监督。工程实行进度与经确认的进度计划不符时，项目经理应按监理工程师的要求提出改进措施，经监理工程师确认后执行。因项目经理的原因导致实际进度与进度计划不符的，项目经理无权就改进措施提出追加合同价款。

表 B.0.1　施工组织设计/(专项)施工方案报审表

工程名称：××绿化工程　　　　　　　　　　　　　　　　编号：B.0.1—××

<table>
<tr><td>致：××建设监理顾问有限公司(项目监理机构)
我方已完成××绿化工程施工组织设计/(专项)施工方案的编制，并按规定已完成相关审批手续，请予以审查。
附：☐施工组织设计
☐专项施工方案
☐施工方案

施工项目经理部(盖章)××园林工程有限公司
项目经理(签字)王××
年　月　日</td></tr>
<tr><td>审查意见：
该施工组织设计中，除土山堆筑部分分项不够详细外，其他部分比较完善。

专业监理工程师(签字)孙××
年　月　日</td></tr>
<tr><td>审核意见：
经讨论，该施工组织设计，需略加补充，是一个较完善的工作计划，予以通过。

项目监理机构(盖章)××建设监理顾问有限公司
总监理工程师(签字、加盖执业印章)李××
年　月　日</td></tr>
<tr><td>审批意见(仅对超过一定规模的危险性较大分部分项工程专项方案)：
同意该工程施工组织设计/(专项)施工方案。

建设单位(盖章)××局
建设单位代表(签字)张××
年　月　日</td></tr>
</table>

填表说明：本表一式三份，项目监理机构、建设单位、施工单位各一份。

表 B. 0. 2 “开工报审表”填写说明

1. 施工单位在所有开工准备工作完成之后，方可上报本开工报审表。如整个项目一次开工，可只填一次。分包工程的开工申请也使用此表办理开工报批手续。一般当一个项目由多个单位工程组成，应分别填写“工程开工报审表”，应当与建设工程质量报监的单位工程个数相呼应，有多少报监子项，就填多少张“工程开工报审表”。

2. 监理在审批时，应同时核查该项工程的施工许可证和现场三通一平情况。证明文件应能说明具备开工条件的相关资料，主要应有：

(1)“三通一平”条件；

(2)施工组织设计(方案)或施工项目管理规划已获得批准；

(3)主要施工机具的到位率和完好率满足开工需要；

(4)主要施工材料的进场和检验已完成，符合施工需要；

(5)已建立施工质量保证体系和安全生产管理体系。

3. 审核注意事项：项目经理应当按照协议书约定的开工日期开工。项目经理不能按时开工，应当不迟于协议书约定的开工日期前7天，以书面形式向监理工程师提出延期开工的理由和要求。监理工程师应当在接到延期开工申请后的48小时内以书面形式答复项目经理。监理工程师在接到延期开工申请后48小时内不答复，视为同意项目经理要求。工期相应顺延。监理工程师不同意延期要求或项目经理未在规定时间内提出延期开工要求，工期不予顺延。因发包人原因不能按照协议约定的开工日期开工。监理工程师应以书面形式通知项目经理，推迟开工日期。发包人赔偿项目经理因延期开工造成的损失，并相应顺延工期。

表 B.0.2　开工报审表

工程名称：　　　　　　　　　　　　　　　　　　　　编号：

<table>
<tr><td>致：　　××局　　（建设单位）
　　××建设监理顾问有限公司　　（项目监理机构）
　　我方承担的　××绿化工程　工程，已完成相关准备工作，具备开工条件，特此申请于　××　年　××　月　××　日开工，请予以审批。
　　附件：证明文件资料

施工单位（盖章）××园林工程有限公司
项目经理（签字）　王××
　　年　　月　　日</td></tr>
<tr><td>审查意见：

　　同意工程在××年×月×日开工。

项目监理机构（盖章）××建设监理顾问有限公司
总监理工程师（签字加盖执业印章）　李××
　　年　　月　　日</td></tr>
<tr><td>审批意见：

　　同意工程在××年×月×日开工。

建设单位（盖章）　××局
建设单位代表（签字）　张××
　　年　　月　　日</td></tr>
</table>

填表说明：本表一式三份，项目监理机构、建设单位、施工单位各一份。

表 B. 0. 3 “复工报审表”填写说明

该表为承包单位在收到“A. 0. 5 工程暂停令”后，在规定时间内完成有关整改工作、报请项目监理机构进行核查的用表。项目监理机构应及时核查并签署审核意见。

填写时，证明材料应有详尽的具备复工条件的相关资料。首先应列举工程暂停指令的编号及签发单位。当导致暂停的原因是危及结构安全或使用功能时，整改完成后，应有建设单位、设计单位、监理单位各方共同认可的整改完成文件。其中“建设工程鉴定意见”必须由有资质的监测单位出具。

表 B. 0. 3 复工报审表

工程名称：××绿化工程　　　　编号：B. 0. 3—××

致：××建设监理顾问有限公司（项目监理机构） 编号为 A. 0. 5—××（工程暂停令）所停工的 堆土方 部位，现已满足复工条件，我方申请于××年××月××日复工，请予以审批。 附：□证明文件资料 1. 专题报告； 2. 修订后的堆山施工方案。 施工项目经理部（盖章）××园林工程有限公司 项目经理（签字）王×× 年　月　日
审查意见： 同意工程复工。 项目监理机构（盖章）××建设监理顾问有限公司 总监理工程师（签字）李×× 年　月　日
审批意见： 同意工程复工。 建设单位（盖章）××局 建设单位代表（签字）张×× 年　月　日

填表说明：本表一式三份，项目监理机构、建设单位、施工单位各一份。

表 B. 0. 4 “分包单位资格报审表”填写说明

该表用于施工单位对拟定的工程专业分包队伍的资信审查合格后，报监理审核的申报用表。施工单位应提供以下资料报监理审核：营业执照、资质证书、施工许可证、人员资质证明、机具装备情况等有关材料。监理审核时应充分考虑《建设工程施工合同》的相关规定。

1. 附件1：分包单位资质材料应注意新老资质就位的新要求，防止越级分包，要防止老资质混入，应要求提供资质副本。

2. 附件2：业绩材料。应将项目业主或监理单位和人员的通讯地址列出，以便监理人员进行核实，在重点注意分包单位业绩的同时也重点注意经营负责人的个人素质，有些质量状况尚可，但管理机制不善的，应不向总监推荐。

3. 项目经理应详细填写分包明细表中的各项内容，监理工程师应仔细核准。

4. 审核注意事项：项目经理按专用条款的约定分包所承包的部分工程，并与分包单位签订分包合同。非经发包人同意，项目经理不得将承包工程的任何部分分包。项目经理不得将其承包的全部工程转包给他人，也不得将其承包的全部工程肢解以后以分包的名义分别转包给他人。工程分包不能解除项目经理任何责任与义务。项目经理应在分包场地派驻相应管理人员，保证本合同的履行。分包单位的任何违约行为或疏忽导致工程损害或给发包人造成其他损失的，项目经理承担连带责任。分包工程价款由项目经理与分包单位结算。发包人未经项目经理同意不得以任何形式向分包单位支付各种工程款项。

表B.0.4 分包单位资格报审表

工程名称：××绿化工程　　　　　　　　　　　　　　　　　　编号：B.0.4—××

致：××建设监理顾问有限公司（项目监理机构）

经考察，我方认为拟选择的××古建工程有限公司(分包单位)具有承担下列工程的施工/安装资质和能力，可以保证本工程按施工合同第××条款的约定进行施工/安装。分包后，我方仍承担本工程施工合同的全部责任。请予以审查。

分包工程名称(部位)	分包工程量	分包工程合同额
合　　计		

附：1. 分包单位资质材料

2. 分包单位业绩材料

3. 施工单位对分包单位的管理制度

施工项目经理部(盖章)××园林工程有限公司

项目经理(签字)王××

____年____月____日

审查意见：

经审查，该公司是一家专业古建施工队伍。同意该单位分包。

专业监理工程师(签字)余××

____年____月____日

审核意见：

经业主认可，同意分包。

项目监理机构(盖章)××建设监理顾问有限公司

总监理工程师(签字)李××

____年____月____日

填表说明：本表一式三份，项目监理机构、建设单位、施工单位各一份。

表 B. 0. 5 “施工控制测量成果报验表”填写说明

该表是施工单位在保证测量工作符合设计和规范要求基础上，提前 24 小时报请监理届时验收的申报用表，由专业监理工程师组织抽查复测，测得的原始数据应记录翔实清楚。

表 B. 0. 5 施工控制测量成果报验表

工程名称：××绿化工程　　　　编号：B. 0. 5—××

致：××建设监理顾问有限公司（项目监理机构） 我方已完成　见山楼　的施工控制测量，经自检合格，请予以查验。 附：1. 施工控制测量依据资料 2. 施工控制测量成果表 施工项目经理部（盖章）××园林工程有限公司 项目技术负责人（签字）周×× 年　月　日
审查意见： 1. 收到施工相应测量资料共　××　页，收到时间：　　。 2. 检验结论：符合设计要求 项目监理机构（盖章）××建设监理顾问有限公司 专业监理工程师（签字）孙×× 年　月　日

填表说明：本表一式三份，项目监理机构、建设单位、施工单位各一份。

表 B. 0. 6 “工程材料/设备/构配件报审表”填写说明

该表是施工单位报验工程材料、设备进场使用的申报用表，需复试合格才能使用的材料必须先复试。监理可采用见证取样的方式对材料质量进行控制，必要时单独复检。承包单位在提交给项目监理机构的复印件上注明质保资料原件存放单位(其上加盖项目经理部章)。项目经理负责采购材料设备的，应按照专用条款约定及设备和有关标准要求采购，提供产品合格证明，并对材料设备质量负责。项目经理在材料设备到货前24小时通知工程师清点。项目经理采购的材料设备与设计或标准要求不符时，承包人应按工程师要求的时间运出施工场地，重新采购符合要求的产品，承担由此发生的费用，由此延误的工期不予顺延。项目经理采购的材料设备在使用前，项目经理应按工程师的要求进行检验或试验，不合格的不得使用，检验或试验费用由项目经理承担。工程师发现项目经理采购并使用不符合设计或标准要求的材料设备时，应要求由项目经理负责修复、拆除或重新采购，并承担发生的费用，由此延误的工期不予顺延。项目经理需要使用代用材料时，应经工程师认可后才能使用，由此增减的合同价款双方以书面形式议定。由项目经理采购的材料设备时，发包人不得指定生产厂或供应商。

表 B. 0. 6 工程材料/设备/构配件报审表

工程名称：××绿化工程　　　　编号：B. 0. 6 ×× —××

<table>
<tr><td>致：××建设监理顾问有限公司(项目监理机构)
我方于××年××月××日进场的用于工程广场入口面层铺设部位的花岗石板材(工程材料/设备/构配件)，已完成自检。现将相关资料(见附件)报上，请予以审查。

附件：1. 工程材料/设备/构配件清单
2. 质量证明文件
3. 自检结果

施工项目经理部(盖章)××园林工程有限公司
项目经理(签字)王××
年　月　日</td></tr>
<tr><td>审查意见：
经检查，上述工程材料符合设计文件和规范的要求，准许进场，使用于拟用部位。

项目监理机构(盖章)××建设监理顾问有限公司
专业监理工程师(签字)孙××
年　月　日</td></tr>
</table>

填表说明：本表一式二份，项目监理机构、施工单位各一份。

表 B.0.7 施工测量 报审/验表

工程名称：××绿化工程　　　　编号：B.0.7—××

致：××建设监理顾问有限公司（项目监理机构）

我方已完成广场入口面层铺设工作，经自检合格，现将有关资料报上，请予以审查/验收。

附：□隐蔽工程质量检验资料
□检验批质量检验资料
□分项工程质量检验资料
□施工试验室证明资料
□其他

施工项目经理部(盖章)××园林工程有限公司
项目经理或项目技术负责人(签字)王××
年　月　日

审查、验收意见：

经检查，上述工程符合施工要求，准许验收通过。

项目监理机构(盖章)××建设监理顾问有限公司
专业监理工程师(签字)孙××
年　月　日

填表说明：本表一式二份，项目监理机构、施工单位各一份。

表 B.0.8 分部工程报验表

工程名称：××绿化工程　　　　　　　　　　编号：B.0.8—××

<table>
<tr><td>致：××建设监理顾问有限公司（项目监理机构）
我方已完成背山楼测量（分部工程），经自检合格，现将有关资料报上，请予以审查、验收。

附：分部工程质量控制资料

施工项目经理部(盖章)××园林工程有限公司
项目技术负责人(签字)王××
年　月　日</td></tr>
<tr><td>检查意见：

1. 收到施工相应自评/检查资料和验收记录共××页，收到时间：××年3月3日。
2. ______实测图。

专业监理工程师(签字)孙××
年　月　日</td></tr>
<tr><td>验收意见：

可进行后续施工。

项目监理机构(盖章)××建设监理顾问有限公司
总监理工程师(签字)孙××
年　月　日</td></tr>
</table>

填表说明：本表一式三份，项目监理机构、建设单位、施工单位各一份。

表 B.0.9 “监理通知回复单”填写说明

本表用于承包单位在收到“A.0.3 监理通知”后，施工单位在规定时间内完成相关工作，报请监理工程师复核的申请用表。

1. 用于对监理通知的回复，应首先写明针对的监理通知的编号。

2. 若承包单位认为监理工程师指令不合理，应在收到指令后24小时内采用本表向监理工程师提出修改指令的书面报告，监理工程师在收到承包单位报告后24小时内作出修改指令或继续执行原指令的决定，并以书面形式通知承包单位。紧急情况下，监理工程师要求承包单位立即执行的指令或承包单位虽有异议，但监理工程师决定仍继续执行的指令，承包单位应予执行。因指令错误发生的追加合同价款和给承包单位造成的损失由发包人承担，延误工期相应顺延。

表 B.0.9 监理通知回复单

工程名称：××绿化工程　　　　编号：B.0.9—××

致：××建设监理顾问有限公司（项目监理机构） 我方接到编号为A.0.3—××的监理通知后，已按要求完成相关工作，请予以复查。 附：需要说明的情况 我方已将该段卵石路面全部铲除，重新按规程铺设。卵石埋入混凝土深度，都在卵石直径的3/4以上，请复查。 施工项目经理部（盖章）××园林工程有限公司 项目经理（签字）王×× 年　月　日
复查意见： 整改后，符合规范要求。 项目监理机构（盖章）××建设监理顾问有限公司 总/专业监理工程师（签字）李×× 年　月　日

填表说明：本表一式三份，项目监理机构、建设单位、施工单位各一份。

表 B. 0. 10 “单位工程竣工验收报审表”填写说明

该表为承包单位已按工程施工合同约定、完成设计文件所要求的施工内容后，向项目监理机构提出工程竣工验收申请的用表。承包单位报请竣工验收的工程内容如有其他项，必须有建设单位的书面通知。项目监理机构应要求承包单位提供完整的工程竣工资料。

(1)工程具备备案制度的10项条件中的第(一)、(二)、(五)、(七)、(十)项条件，即(一)完成工程设计和合同约定的各项内容，达到竣工标准；(二)施工单位在工程完工后，对工程质量进行了全面检查，确认工程质量符合法律、法规和工程建设强制性标准规定，符合设计文件及合同要求，并提出工程竣工报告；(五)有完整的工程项目建设全过程竣工档案资料；(七)施工单位和建设单位签署了工程质量保修书；(十)建设行政主管部门及其委托的建设工程质量监督机构等有关部门要求整改的质量问题全部整改完毕后，项目经理可填写报验单，经监理机构对资料进行审核并对工程实物进行预验收，合格后连同监理评估报告一起，转交给建设单位，由建设单位准备(三)、(四)、(六)、(八)、(九)项并组织验收。

(2)工程具备竣工验收条件，项目经理按国家工程竣工验收有关规定，向发包人提供完整竣工资料及竣工验收报告。双方约定由项目经理提供竣工图的，应当在专用条款内约定提供的日期和份数。

(3)发包人收到竣工验收报告后28天内组织有关单位验收，并在验收后14天内给予认可或提出修改意见。项目经理按要求修改，并承担由自身原因造成修改的费用。

(4)发包人收到项目经理送交的竣工验收报告后28天内不组织验收，或验收后14天内不提出意见，视为竣工验收报告已被认可。工程竣工验收通过，项目经理送交竣工验收报告的日期为实际竣工日期。工程按发包人要求修改后通过竣工验收的，实际竣工日期为项目经理修改后提请发包人验收的日期。

(5)发包人收到项目经理验收报告后28天内不组织验收，从第29天起承担工程保管及一切意外责任。

(6)中间交工工程的范围和竣工时间，双方在专用条款内约定，其验收程序按监理合同办理。

(7)因特殊原因，发包人要求部分单位工程或工程部位甩项竣工的，双方另行签订甩项竣工协议，明确双方责任和工程价款支付方法。

(8)工程未经竣工验收或竣工验收未通过的，发包人不得使用。发包人强行使用时，由此发生的质量问题及其他问题，由发包人承担责任。

表 B. 0. 10　单位工程竣工验收报审表

工程名称：__××绿化工程__　　　　编号：B. 0. 10—__××__

<table>
<tr><td>致：__××建设监理顾问有限公司__（项目监理机构）
我方已按施工合同要求完成__××绿化工程所有分项、分部__工程，经自检合格，现将有关资料报上，请予以验收。

附件：1. 工程质量验收报告
2. 工程功能检验资料

施工单位（盖章）××园林工程有限公司
项目经理（签字）__王××__
__年__月__日</td></tr>
<tr><td>预验收意见：
经预验收，该工程合格/不合格，可以/不可以组织正式验收。

项目监理机构（盖章）××建设监理顾问有限公司
总监理工程师（签字、加盖执业印章）__李××__
__年__月__日</td></tr>
</table>

填表说明：本表一式三份，项目监理机构、建设单位、施工单位各一份。

表 B. 0. 11 “工程款支付申请表”填写说明

该表用于施工单位按计量报审单确认的合格工程数量和根据合同规定应获得款项提出的申请，总监按合同规定扣除应扣款，确定应付款金额后，签署付款意见。

1. 工程量清单应该是合格工程量的清单，也就是说要附各阶段的合格证明文件，譬如：基础工程量，需附“基础工程合格证明书”。

2. 本表用于合同外的工程费用支付申请时，附件还要求提交依据性材料。

3. 审核注意事项：在确认计量结果后14天内，发包人应向项目经理支付工程款(进度款)。发包人按约定扣回的预付款，与工程款(进度款)同期结算。此外：

(1)监理合同通用条款第23条确定高速公路的合同价款，应与工程款(进度款)同期调整支付。

(2)发包人超过约定的支付时间不支付工程款(进度款)，项目经理可向发包人发出要求付款通知，发包人收到项目经理通知后仍不能按要求付款，可与项目经理协商签订延期付款协议，经项目经理同意后可延期支付。协议应明确延期支付的时间和从计量结果确认后第15天起计算应付款的利息，按贷款利率计算。

(3)发包人不按合同约定支付工程款(进度款)，双方又未达成延期付款协议，导致泡工无法进行，项目经理可停止施工，由发包人承担违约责任。

表 B. 0. 11　工程款支付申请表

工程名称：××绿化工程　　　　编号：B. 0. 11—××

<table>
<tr><td>致：××建设监理顾问有限公司（项目监理机构）
我方已完成××绿化工程的园路铺设工作，按施工合同约定，建设单位应在××年××月××日前支付该项工程款共（大写）壹拾肆万肆仟元（小写：144 000元），现将有关资料报上，请予以审核。
附件：□已完成工程量报表
□工程竣工结算证明材料
□相应的支持性证明文件

施工项目经理部（盖章）××园林工程有限公司
项目经理（签字）王××
日　　期：____年____月____日</td></tr>
<tr><td>审核意见：
1. 经审核施工单位应得款为：120 000元；
2. 本期应扣款为：24 000元；
3. 本期应付款为：120 000元。
附件：相应支持性材料

专业监理工程师（签字）何××
____年____月____日</td></tr>
<tr><td>审核意见：
同意支付。

项目监理机构（盖章）××建设监理顾问有限公司
总监理工程师（签字、加盖执业印章）李××
____年____月____日</td></tr>
<tr><td>审批意见：
同意支付。

建设单位（盖章）××局
建设单位代表（签字）张××
____年____月____日</td></tr>
</table>

填表说明：本表一式三份，项目监理机构、建设单位、施工单位各一份。工程竣工结算报审时本表一式四份，项目监理机构、建设单位各一份、施工单位二份。

表 B. 0. 12 “施工进度计划报审表”填写说明

该表用于申报工程的总进度计划和阶段性进度计划，需同时提供劳动力安排和材料、设备进场计划。监理审批时应考虑建设单位的意见。月进度计划申报表要求在每月25日申报，周进度计划要求在每次例会前申报。

表 B. 0. 12 施工进度计划报审表

工程名称：××绿化工程　　　　编号：B. 0. 12—××

致：××建设监理顾问有限公司（项目监理机构） 我方根据施工合同的有关规定，已完成××绿化工程施工进度计划的编制，并经我单位技术负责人审查批准，请予以审查。 附：□施工总进度计划 □阶段性进度计划 施工项目经理部(盖章)××园林工程有限公司 项目经理(签字)王×× ____年____月____日
审查意见： 同意该施工进度计划。 专业监理工程师(签字)孙×× ____年____月____日
审核意见： 同意该施工进度计划。 项目监理机构(盖章)××建设监理顾问有限公司 总监理工程师(签字)李×× ____年____月____日

填表说明：本表一式三份，项目监理机构、建设单位、施工单位各一份。

表 B.0.13 “费用索赔报审表”填写说明

此表用于发生索赔事件后，施工单位在合同规定的时效内，向监理提出索赔申请。监理应站在独立、公正的立场上进行处理。

1. 可调价格合同中合同价款的调整因素包括：(1)法律、行政法规和国家有关政策变化影响合同价款；(2)工程造价管理部门公布的价格调整；(3)一周内非项目经理原因停水、停电、停气造成的停工累计超过 8 小时；(4)双方约定的其他因素。

2. 项目经理应当在上述情况发生后 14 天内，将调整原因、金额以书面形式通知工程师，工程师确认调整金额后作为追加合同价款与修改意见，视为已经同意该项调整。

3. 当一方向另一方提出索赔时，要有正当索赔理由，且有索赔事件发生的有效证据。

4. 发包人未能按合同约定履行自己的各项义务或发生错误以及由发包人承担责任的其他情况，造成工期延误和(或)项目经理不能及时得到合同价款及项目经理的其他经济损失，项目经理可以书面形式向发包人索赔，其有关时限及要求如下：

(1)索赔事件发生后 28 天内，向工程师提出延长工期和(或)补偿经济损失的索赔报告及有关资料；

(2)工程师在收到项目经理送交的索赔报告有关资料后，于 28 天内给予答复，或要求项目经理进一步补充索赔理由和证据；

(3)工程师在收到项目经理送交的索赔报告和有关资料后 28 天内未予答复或未对项目经理作进一步要求，视为该项目索赔已经认可；

(4)当该索赔事件持续进行时，项目经理应当阶段性向工程师发出索赔意向，在索赔事件终了后 28 天内，向工程师送交索赔的有关资料和最终索赔报告。

5. 项目经理未能按合同约定履行自己的各项义务或发生错误，给发包人造成经济损失，发包人可按监理合同通用条款 36.2 款确定的时限向项目经理提出索赔。

表 B. 0. 13　费用索赔报审表

工程名称：××绿化工程　　　　　　　　　　　　　　　　　　编号：B. 0. 13—××

致：××局(建设单位) ××建设监理顾问有限公司(项目监理机构) 根据施工合同××条款，由于设计变更的原因，我方申请索赔金额(大写)肆万捌仟元，请予批准。 索赔理由：由于设计变更面层铺装花岗石品种，致使已经加工好的 $200m^2$ 面层花岗石全部报废，要全部重新加工。 附件：☐索赔金额的计算 $400元/m^2 \times 200m^2 = 48\ 000元$ ☐证明材料 花岗石加工材料单 施工项目经理部(盖章)××园林工程有限公司 项目经理(签字)王×× 年　月　日
审核意见： ☐同意此项索赔，索赔金额为(大写)叁万陆仟元整 同意/不同意索赔的理由：经与设计部门核实，确系由设计变更导致索赔发生。 附件：☐索赔金额的计算 只同意花岗石单价为 $300元/m^2$ $300元/m^2 \times 200m^2 = 36\ 000元$ 项目监理机构(盖章)××建设监理顾问有限公司 总监理工程师(签字、加盖执业印章)李×× 年　月　日
审批意见： 同意支付。 建设单位(盖章)××局 建设单位代表(签字)张×× 年　月　日

填表说明：本表一式三份，项目监理机构、建设单位、施工单位各一份。

表B.0.14 “工程临时/最终延期报审表”填写说明

该表用于工期延期事件发生后，在合同规定的时效期内，施工单位提出延长工期的申请用表，监理应在自收到本报审单之日起14日内回复。

表B.0.14 工程临时/最终延期报审表

工程名称：××绿化工程　　　　编号：B.0.14 × — ×

<table>
<tr><td>致：××建设监理顾问有限公司（项目监理机构）
根据施工合同 ×× （条款），由于________的原因，我方申请工程临时/最终延期 10 （日历天），请予批准。

附件：
1. 工程延期依据及工期计算
延期依据：给××(单位)施工。
申请延长工期 10 天，即由原先竣工工期××年4月15日延长到××年4月25日。
2. 证明材料

施工项目经理部(盖章)××园林工程有限公司
项目经理(签字) 王××
____年___月___日</td></tr>
<tr><td>审核意见：
□同意临时/最终延长工期 5 （日历天）。工程竣工日期从施工合同约定的 ×× 年 4 月 15 日延迟到 ×× 年 4 月 20 日。
□不同意延长工期，请按约定竣工日期组织施工。

项目监理机构(盖章)××建设监理顾问有限公司
总监理工程师(签字、加盖执业印章) 李××
____年___月___日</td></tr>
<tr><td>审批意见：
同意。

建设单位(盖章) ××局
建设单位代表(签字) 张××
____年___月___日</td></tr>
</table>

填表说明：本表一式三份，项目监理机构、建设单位、施工单位各一份。

9.2.3　C类表式

表C.0.1　“工作联系单”填写说明

该表为建设单位就工程事项与项目监理机构进行联络的用表。

表C.0.1　工作联系单

工程名称：____××绿化工程____　　　　编号：C.0.1—__××__

致：____××建设监理顾问有限公司____   发出单位____××局____ 负责人(签字)____张××____ ______年____月____日

表 C.0.2 “工程变更单”填写说明

该表为承包单位向项目监理机构提出工程变更申请的用表。提出工程变更前，要先填写工程变更单。填写后提交工程项目监理机构，必要时建设单位应委托设计单位编制设计变更文件并签转项目监理机构；承包单位提出工程变更时，填写工程变更单后报送项目监理机构，项目监理机构同意后转呈建设单位，需要时由建设单位委托设计单位编制设计变更文件，并签转项目监理机构。当工程变更涉及安全、环保等内容时，应按规定经有关部门审定。总监理工程师必须根据实际情况、设计变更文件和其他有关资料，按照施工合同的有关条款，对工程变更的费用和工期做出评估。施工单位在收到项目监理机构签署的工程变更单后，方可实施工程变更。工程分包单位的工程变更应通过承包单位办理。总监理工程师就工程变更事宜与有关单位协商，将取得的一致意见在该文件中说明，并经相关的建设单位的现场代表、承包单位的项目经理、监理单位的项目总监理工程师、设计单位的工程项目设计负责人等签署一致意见后方可作为施工依据。

表 C.0.2 工程变更单

工程名称：××绿化工程　　　　编号：C.0.2—××

<table>
<tr><td colspan="2">致：××建设监理顾问有限公司
由于 入口广场面层花岗石颜色不佳，甲方建设单位不满意 原因，兹提 广场面层 工程变更，请予以审批。

附件：□变更内容
□变更设计图
□相关会议纪要
□其他

变更提出单位××园林工程有限公司
负责人 王××
____年___月___日</td></tr>
<tr><td>工程数量增/减</td><td></td></tr>
<tr><td>费用增/减</td><td></td></tr>
<tr><td>工期变化</td><td></td></tr>
<tr><td>施工项目经理部(盖章)
项目经理(签字)</td><td>设计单位(盖章)
设计负责人(签字)</td></tr>
<tr><td>项目监理机构(盖章)
总监理工程师(签字)</td><td>建设单位(盖章)
负责人(签字)</td></tr>
</table>

填表说明：本表一式四份，建设单位、项目监理机构、设计单位、施工单位各一份。

表 C.0.3　索赔意向通知书

工程名称：　××绿化工程　　　　　　　　　　　　　　　　　　编号：C.0.3—　××

致：　××建设监理顾问有限公司

根据《建设工程施工合同》　××　(条款)的约定，由于发生了　山体滑坡　事件，且该事件的发生非我方原因所致。为此，我方向　××局　(单位)提出索赔要求。

附件：索赔事件资料

提出单位(盖章)××园林工程有限公司

负责人(签字)　王××

____年____月____日

◇实践教学

实训 9-1　某园林工程建设中各类监理用表的填写

一、实训目的

结合某实际工程，通过实训，使学生能够掌握 A、B、C 这 3 类表式的填写要求。

二、实训材料

提供一份××园林景观工程的全套施工和管理资料。

三、实训内容

(1) 施工单位报审/验用表(A 类表)的填写；

(2) 工程监理单位用表(B 类表)的填写；

(3) 与监理有关各方进行工作联系或工程变更的用表(C 类表)的填写。

四、实训方法

与某工程监理部门联系建立关系，分析实际情况，分小组进行监理用表填写。

五、实训要求与成果

每个小组独立完成全套规范的园林工程监理用表。

◇思考题

1. 浅谈近年来我国工程建设行业实行的监理用表的更替情况。
2. 我国工程建设行业目前使用的监理用表有哪几类，各有什么作用？

参考文献

董三孝，2002. 园林工程概预算与施工组织管理[M]. 北京：中国林业出版社.
董三孝，2004. 园林工程施工与管理[M]. 北京：中国林业出版社.
韩东锋，2005. 园林工程建设监理[M]. 北京：化学工业出版社.
何夕平，2005. 建设工程监理[M]. 合肥：合肥工业大学出版社.
姜早龙，2006. 建设工程质量、投资、进度控制[M]. 大连：大连理工大学出版社.
李永红，2006. 园林工程项目管理[M]. 北京：高等教育出版社.
梁伊任，2000. 园林建设工程[M]. 北京：中国城市出版社.
刘景园，陈向东，2000. 建设监理与合同管理[M]. 北京：北京工业大学出版社.
刘兴东，高拥民，1993. 建设监理理论与操作手册[M]. 北京：宇航出版社.
蒲建明，2005. 建设工程监理手册[M]. 北京：化学工业出版社.
曲修山，1999. 全国监理工程师执业资格考试复习资料[M]. 天津：天津大学出版社.
石四军，2006. 建设工程监理全过程方案编制方法与实例精选 50 篇[M]. 北京：中国电力出版社.
孙占国，杨卫东，2005. 建设工程监理[M]. 北京：中国建筑工业出版社.
许晓峰，沈清立，刘彦生，1999. 工程建设监理手册[M]. 北京：中华工商联合出版社.
俞宗卫，2004. 监理工程师实用指南[M]. 北京：中国建材工业出版社.
虞德平，2006. 园林绿化工程监理简明手册[M]. 北京：中国建筑工业出版社.
庄民泉，林密，2004. 建设监理概论[M]. 北京：中国电力出版社.